U0196303

城市开放空间

——为使用者需求而设计

[美]马克·弗朗西斯　著

林广思　黄晓雪　吴安格　译

中国建筑工业出版社

著作权合同登记图字：01–2014–1564号

图书在版编目（CIP）数据

城市开放空间——为使用者需求而设计/（美）弗朗西斯著；林广思，黄晓雪，吴安格译.—北京：中国建筑工业出版社，2017.10

　ISBN 978–7–112–21192–0

　Ⅰ.①城…　Ⅱ.①弗…②林…③黄…④吴…　Ⅲ.①城市空间—规划设计　Ⅳ.① TU984.11

中国版本图书馆CIP数据核字（2018）第219882号

Urban Open Space：Designing for User Needs/Mark Francis

Copyright © 2003 Mark Francis

Pudlished by arrangement with Island Press

Cover：Davis Central Park and Farmer's Market Photo by Mark Francis

Translation copyright © 2018 by China Architecture & Building Press

责任编辑：杨　虹　姚丹宁
责任校对：李欣慰　王　瑞

城市开放空间——为使用者需求而设计

[美]马克·弗朗西斯　著

林广思　黄晓雪　吴安格　译
　　*
中国建筑工业出版社出版、发行（北京海淀三里河路9号）

各地新华书店、建筑书店经销

北京京点图文设计有限公司制版

河北鹏润印刷有限公司印刷
　　*
开本：889×1194毫米　1/20　印张：5⅘　字数：116千字

2018年5月第一版　2018年5月第一次印刷

定价：35.00元

ISBN 978-7-112-21192-0

　　（30800）

城市开放空间

——为使用者需求而设计

目　录

中文版序言

马克·弗朗西斯
（美国风景园林师协会会士、风景园林教育委员会会士）

十四年前，我的著作《城市开放空间——为使用者需求而设计》在美国经岛屿出版社出版问世，至今已经发生了许多改变。公共空间与可持续发展、基础设施、社会公正一样，作为全球实践和研究的领域，成为风景园林和城市化领域的中心议题。如今，建成项目的数量不断增加，大多数城市也逐渐意识到，设计精良和可达的开放空间对于市民的长期健康和幸福至关重要。

在此期间，景观的相关研究也取得了显著进展。景观不再被认为只是建筑的添加物，而是城市和人们生活的基本组成要素。这些研究进展包括了在一流期刊上发表的案例研究，以及作为风景园林基金会"案例研究调查"和"景观绩效系列"一部分的在线数据库。它们表明，每日使用开放空间可以缓解压力、延年益寿，城市也会更健康和可持续。

随着虚拟空间和社交媒体的普及化并且在绝大多数人的生活中变得常见，诸如公园、花园、街道和水岸等真实空间愈发受到人们的青睐，其重要性则更为突出。广为人知的案例包括纽约高线公园、首尔清溪川、伦敦奥林匹克公园、中国秦皇岛汤河公园（习称红飘带公园）和悉尼布朗格鲁保护区（Barangaroo Reserve）等。但在人们的生活中占据中心地位的仍然是一些常见的和日常的公共空间。然而，大量的城市开放空间被忽视，或设计不良，使用起来有诸多不便。许多刻意的设计反而使得人们不愿意使用，有的甚至阻碍了他们的享用。目前，很多城市景观仍然在汽车和污染的笼罩之中，公共空间亟待更新和转型。

从我个人的观点来看，每个城镇和城市至少需要一个中央公共空间，用于人们的欢庆、哀悼或抗议。公共空间构成民主的基础，这已经在世界各地的拥有中央公共空间的城市中得到了证明。美国风景园林师弗雷德里克·劳·奥姆斯特德早在一个多世纪之前已经言传身教，其经典作品之一的纽约中央公园如今依然广受欢迎。同样，在成千上万的社区中，这仍然有效。在社区里，有着更朴素但同样发挥着重要作用的绿地，例如游乐场地、社区花园、自然场地和街头角落等。

我写作《城市开放空间——为使用者需求而设计》的目的是向风景园林的学生和专业人士展示一些诸如观察、数数、图绘和设计这样的简单行为如何能够有助于公共空间的设计和管理。除此之外，此书还提供了一些用于评估和设计城市开放空间的实用工具。此书和该丛书的其他书籍中的案例研究表明了案例研究法是可以评估和设计自然和建成的景观的有效工具。该方法如今在世界各地被广泛运用于促进风景园林的学术和对新项目的设计有影响，这让我非常欣慰。

我衷心地希望此书的中文版能够对中国的风景园林实践有所帮助。此外，我希望此书在中国能彰显案例研究为风景园林提供循证批评和理论的价值。与美国还有世界上的其他国家一样，中国人民的日常生活也离不开城市开放空间。在中国有许多值得关注和设计精良的案例，其中很多都得到了国际公认。但在未来，仍然需要有更多优秀的案例出现。

　　我建议，拿着这本书，坐在一个公共空间里，观察和描绘它的使用情况，访谈一些使用者，并考虑如何改善该空间。最后，如果此书的中文版能够有助于中国哪怕是一个公园、一个花园甚至是一条街道的改善，我也将会深感欣慰。

于加利福尼亚州立大学戴维斯分校

2017 年 2 月 3 日

前　言

在第二次世界大战结束后的几十年间，社会与环境问题的重要性已经日益凸显。在经济的驱动下，不受控制的发展产生了一系列与社会、历史、美学或环境等方面不协调的问题。伴随着购物商场和两侧排列着停车场、广告牌的六车道马路以及毗邻历史建筑物的快餐店，快速发展的郊区和新社区取代了优美的乡村景观。

设计与规划可以对此情形有所帮助。实际上，无论是自然环境还是建成环境的证据都揭示出了有创造力的设计可以给人们的生活以及地球的生态带来极大的改善。从最喧杂的城市中心的转型改造项目到大面积的公共土地的保护项目，美国在创造丰富人文精神的风景园林方面，取得了无与伦比的成就。

连接似乎没有关联的系统和资源的规划和设计的力量，是我们能在地球上留下可持续印记的关键。这是一项给予下一代的永久遗产。从城市中心到国家公园；从城际绿道到社区游乐场地，风景园林规划和设计是从整体上满足如清洁的水、运输模式、开放空间保护和社区规划热点问题的最有效、最经济、最有价值的方法之一。

为了解决这些日益复杂的挑战，专业人士和他们的客户需要及时掌握新出现的问题和针对这些问题的创新项目的信息。这些信息展示了解决问题的新的方法和策略以及它们的成功之处，同时也要能提供有价值的评论来说明这些方法存在的问题。这类信息对于保护自然资源和景观、复垦受到破坏的土地以及促进健康与安全的可持续社区建设至关重要。

如此批判性的和多方面的分析和设计，考虑到土地、历史、社会、经济和土地使用需求的管理办法，可以防止许多环境、社会和健康的问题。它也可以帮助恢复或改善已衰退的土地和社区。然而，这些都需要高质量的规划和设计。同时，高质量的设计已经越来越难以实现。人口迁移和增长以及快速的城市化所带来的压力，需要风景园林规划师去重新评估每一种情况，将新的思维带入到我们不断变化的景观中，而不再是套用旧公式。

风景园林基金会正在出版"土地和社区设计案例研究丛书"，以满足这一关键的需求。该丛书将增强风景园林规划专业的技术和知识基础、启发公共政策和土地开发决策并提供公共教育的材料。这些结果能够创造有能力恢复和提升公共福利与健康的新的居住环境，并且保护和丰富建成环境和自然环境。

L·苏珊·埃弗雷特（L. Susan Everett）

执行主任

风景园林基金会

布莱恩特公园（Bryant Park）为使用者的被动与主动参与提供了场所

城市开放空间：
土地和社区设计案例研究

城市开放空间的塑造对于风景园林师、他们的客户和公众来说，是一项充满乐趣的话题。众多的研究已发现，满足使用者需求是营造良好的公园、广场和城市开放空间的先决条件。使用者对开放空间的需求多种多样，如舒适和放松、公共空间的私有化、减少徒步者与轻型摩托车驾驶者以及狗与人类使用邻里公园的冲突。对开放空间需求与冲突的研究很多，却没有独立的文献来综合这些的知识，并将它提供给从业人员、学生和研究者。这个基于问题的研究的目的是为了综述和整合这些知识并集合为一个方便掌握且有用的资料。同时也是为了给风景园林基金会建立一个基于特定问题的案例研究示范，以便推进今后案例研究的发展。

现在设计一个不吸引人的场所是困难的。
人们使用场所的频率才是值得关注的。

——威廉·怀特（William Whyte），
《布莱恩特公园的复兴》（"Revitalization of Bryant Park"），1979 年

使用是成功的公共空间的重要的先决条件

引言：
为使用者需求而设计

良好的管理对公共开放空间的成功至关重要

近来人们越来越趋向于认同这样一种共识：成功的公园和开放空间（如广场、街道、公共花园）是那些有活力的以及被人们很好地使用的空间。威廉·怀特（William Whyte 1980，1988）、克莱尔·库珀·马库斯及其研究合作者（Clare Cooper Marcus，1970; and Wischemann 1987; and Francis 1998; and Barnes 1999）、凯文·林奇（Kevin Lynch 1972，1981）、扬·盖尔（Jan Gehl 1987，1996）、路易丝·莫辛格（Louise Mozingo 1989）、林恩·洛夫兰德（Lyn Lofland 1998）等社会学家和设计师以及其他一些研究者的观察和描述都肯定地表明了使用是一个优秀的公共风景园林项目的必要条件。本案例研究的目的是批判地评议这些之前的研究并使其更容易被学生和从业人员理解。

在早期关于公共空间的研究中，建筑师斯蒂夫·卡尔（Steve Carr）、环境心理学家琳恩·里夫林（Leanne Rivlin）、规划师安德鲁·斯通（Andrew Stone）和我提出了优秀的城市开放空间所应具备的三大特点：需求、权利和意义（Carr et al. 1992）。简而言之，我们发现成功的公共空间是那些响应它们使用者需求的、民主开放的、对范围更大的社区和社会有意义的空间。所以，本案例研究将聚焦于评议并识别在室外空间的规划、设计和管理中必须考虑的关键的使用者需求[1]。

1　关于营造良好公共场所所需要的要素的更加全面的讨论，详见《公共空间》（*Public Space*，Carr et al. 1992）。

很多游戏场地，如这个学校楼顶的游乐空间，是无聊而且危险的

当今很多设计实践落后于人们在公共空间需求上的研究。所以，大量问题和冲突存在于城市公共开放空间中。这些冲突可能存在于使用者和管理者、设计者和管理者或者不同的使用团体之间。我们都知道这些存在于我们社区中的问题，比如说没有人使用的游戏场地，青少年占用了为老人们设计的空间，或者一些公园使用者和滑板爱好者、轻型摩托车的使用者以及涂鸦艺术家之间的冲突。虽然其中一些冲突形成了城市公共空间中有益健康并且不可或缺的张力，但是很多的使用问题阻碍了人们享受这些场所。这些使用的冲突可以通过有效的活动组织、设计和管理得到减少甚至消除。

对很多设计良好或者重新设计的公共空间的案例研究表明：使用者的需求能够在城市公园、广场、街道和花园中得到有效的满足。这些研究包括关于城市公园的设计或重新设计的纽约市布莱恩特公园（Thompson 1997；Berens 1998；Francis 1999a）和中央公园（Carr et al. 1992），以及邻里空间（Hester 1975；Brower 1998，1996）、全市的公园和开放空间系统（Longo 1996；Harnik 2000）。

游戏场地可以设计得好玩且充满乐趣

根据本研究的目的，城市开放空间被定义为公众可进入的开放空间诸如公园、广场、街道、社区园圃和绿道等（Carr et al. 1992；Lynch 1972）。它们包括丹麦城市设计师扬·盖尔（Jan Gehl 1987；Gehl and Gemoze 1996）谈及的"交往空间"，同样也是社会学家雷·奥尔登堡（Ray Oldenburg 1989）所谓的"第三住所"，即是那些"举行在家庭和工作之外的定期、非正式聚会的地方"。城市开放空间的类型见表1。

使用者需求被定义为人们在城市开放空间中追求的令人愉悦的事物和体验，满足使用者需求是开放空间最基本的功能，是创造一个令人愉悦的风景园林体验的先决条件，同时也为设计标准的制定提供了基础。使用者需求涵盖从最基本的可达性的需求到对舒适性以及主动或者被动的活动的要求。简言之，使用者的需求包括走入这个空间并找到舒适的地方坐下休憩，期间不会被骚扰。

当使用者的需求未被满足时，或者出现来自不同使用群体间的矛盾，经常会引发公共开放空间中的使用冲突。这些冲突可能是由一个空间因管理限制或过度设计变得难以到达导致的。它们亦会伴随不同使用群体对公共开放空间使用目的和意义的不同而出现。例如：不同年龄段、不同性别和不同文化背景的使用者之间的冲突。其他问题可归因于在空间设计和管理中过少地考虑了使用者因素。对需求和冲突更深入地了解可以帮助设计者和管理者创造最成功的城市开放空间。

许多使用者的需求可以被设计到公共开放空间中。图为加利福尼亚州戴维斯（Davis）中心公园中的儿童喷泉

表 1　城市开放空间类型

开放空间类型 / 亚型	特征
公园	
公园 / 中心公园	作为总体规划的城市开放空间系统的组成部分，是由公共开发和管理的开放空间，也是全市性的、重要的开放空间，通常比街区公园大。
市区公园	有草和树木覆盖的坐落在市中心的绿色公园。可以是那些传统的有历史的公园，或是新开发的开放空间。
公地（Commons）	在建设较早的新英格兰地区的城镇中的大片绿地，以前被用于放牧的公共土地，现在用于进行休闲活动。
社区公园	住宅区场地上的开放空间是以公共名义开发和管理的作为城市开放空间区划的组成部分，或者由私人住宅区开发商建设；包括运动场、运动设施等。
迷你公园（口袋公园）	小型的由建筑边界围合起来的城市公园，包括喷泉或水景。
广场	
中心广场	广场，常常是城市中心历史发展的组成部分，多为政府规划的集会地点或街道的交汇点，常以公共名义开发和管理。
纪念地	
	用于纪念当地或国家重要的人物或事件公共场所。
市场	
农贸市场	常用作农贸市场或跳蚤市场的开放空间或者街道；通常是临时或者在特定时间使用的公园、城市街道或停车场等现有空间。
街道	
人行道	城市中供人们步行的部分，通常是经过规划或被行人发现而形成的连接两个目的地的通道或道路。
步行林荫道	靠近车行道的街道，具有长椅和植栽等设施，常常坐落在市中心的主干道旁边。
交通林荫道（Transit Mall）	改变进入市中心区域的运输方式的发展，公共汽车和轻轨使用的林荫道代替了传统的步行林荫道。
车辆管制街道	作为公共开放空间的街道，限制车辆的进入，包括改善行人的使用体验、拓宽步行道，种植行道树。
城镇小径	通过相互关联的城市小径，连接城镇各区域，把经过规划的街道和开放空间可用作环境教育的场地，部分路径是经过设计并标识的。

游乐场地（Playgrounds）

游乐场地	坐落在街区的游乐场地，常常包括传统游乐器材如滑梯和秋千，有时也包括可供成人使用的设施，比如长椅，也可能会包括一些创新设计，比如冒险游乐场等。
校园	学校操场作为玩耍场地，可发展成为供环境学习或社区使用的空间。

社区开放空间

社区园圃 / 公园	由当地居民在闲置的土地上设计、发展或管理而形成的邻里空间，可以包括赏景花园、游乐场地和社区园圃。它们常常建于私人土地之上，通常不被看作正式意义上的城市开放空间系统的一部分，很容易被其他用途如建房或商业开发取代。

绿道和线性公园道（parkways）

	靠人行道和自行车道联系起来的游憩和自然的区域。

城市荒野（Urban Wilderness）

	城市中或城市附近未开发的或者密布野生植被的自然区域，它们非常适合徒步、遛狗和游憩，但常常卷入使用者和生态保护或恢复者之间的矛盾。

中庭 / 室内市场

中庭	由建筑内部的私有空间改造而成的室内中庭空间，一个室内的可封闭的广场或步行街。在很多城市中都被看作是开放的空间系统，是被私人开发和管理的新办公或商业发展的组成部分。
市场 / 市中心的购物中心	室内的、私人的购物空间，通常是独立的或者是复原的老建筑，它们有时会包括室内和室外的空间。有时候它们被称为"节日市场"，是由私人开发和管理的新办公或商业开发的组成部分。

偶得空间（Found Space）/ 邻里空间（Neighborhood Spaces）

日常生活空间（Everyday Spaces）	公众可以到达的开放空间，诸如街角、建筑的入口台阶等人们可以占用并使用的空间。
邻里空间	公众可以到达的开放空间，诸如街角和住宅附近的空地，也可以是坐落在街区的闲置的或是未开发的空间，包括闲置地块和未来建房的地块。它们常常被儿童、青少年和当地的居住者使用。

滨水区（Waterfronts）

滨水区、港口、沙滩、滨河区、码头、湖滨	城市中的滨水开放空间；增加水岸公园的公众可达性。

资料来源：改编自 Carr et al. 1992.

案例研究法是一种对一个项目的过程、决策以及结果进行认真记录和系统性审查的方法，其目的是启发今后的实践、政策制定、理论研究以及教育。

——马克·弗朗西斯，《风景园林案例研究法》
(A Case Study Method for Landscape Architecture)，1999 年

在环境中积极参与如这些在巴黎的一个广场上骑自行车的男孩们，是一个成功的城市开放空间的组成部分

风景园林基金会案例研究法

这个关于城市开放空间中的、迎合使用者需要的设计案例研究，运用了风景园林基金会的一项研究方法。（Francis 1999a，2000a）。该方法的目的是为风景园林设计项目和问题提供一个统一且可比的记录和评价方法。在这项早期的工作中，我建议风景园林基金会设立3种风景园林案例研究类型：基于场所的、基于问题的以及为教学服务的假设性案例研究。这是风景园林基金会开展的第一个基于问题的案例研究，随后还有一系列研究即将展开。它旨在为这类研究提供可参考的模板。

特定风景园林的案例研究方法，涉及不同种类信息的汇集与分析，包括档案研究、重要项目参与者角色、财务、项目目标以及对设计与决策过程的调查。不止如此，某些特别的场地案例还会研究诸如项目的使用、认识、特定的限制条件、成功之处以及局限性。

与单一的公园或广场这样的特定场所的案例研究不同的是，基于问题的案例研究纵览很多案例以此来确定共同的模式和主题。同时也调查场地及之前的案例研究，以确定设计或管理的原则从而指导今后的实践。表2提供了基于问题的案例研究的可参考模板。

本研究审视了已有的相关文献来搜集与"为满足使用者对城市开放空间的需求而设计"有关的重要发现和设计。并以对从业者和研究人员采访为基础，通过采访，发掘受访者认为的最重要的开放空间的设计和规划问题的进展，判定最佳的实践项目，对未来该方向的研究和设计议题提出建议。

表2　基于问题的案例研究的可参照模板
摘要 / 事实表 问题名称 景观类型 问题的意义和影响 经验教训 项目主要参与者的联系方式 关键词
完整的案例研究 问题背景和历史 问题成因 过去的研究和基于问题的案例研究 设计、开发和决策的影响 风景园林师的角色 维护和管理办法 使用者和使用分析 同行评审的意见 批评 问题的重要性和独特性 局限性和难点 总体特征和经验教训 将来的问题和计划 启示和建议 结论和将来工作的方向 获取更多信息的联系方式 参考书目 有用的网站 / 通信讨论组（Listservs） 有用的期刊
图片 该问题和过去的案例研究的图片 有比例尺的案例研究场地的总平面

本案例研究使用下面的方法：

- 关于城市开放空间中与使用者需求相冲突的档案研究
- 已出版的关于城市开放空间的案例研究
- 互联网搜索
- 选择性地实地考察城市开放空间的使用和冲突
- 主要专家访谈
- 开放空间的设计师和管理者的访谈
- 开放空间使用者的访谈

土地及社区设计方面的案例研究

问题名称

城市开放空间，使用者需求设计

景观类型

城市开放空间，包括公园、广场、街道、花园以及其他。

意义及影响

需求和冲突如何影响对开放空间的使用体验和评价

经验教训

关注使用者需求可以创造更成功的开放空间

联系机构

城市公园学会（Urban Parks Institute）
公共土地信托基金会（Trust For Public Land）
美国风景园林师协会（American Society of Landscape Architects）
风景园林基金会（Landscape Architecture Foundation）
环境设计研究协会（Environmental Design Research Association）
公共空间项目（Project for Public Spaces）
地方和州立公园管理部门（Local and State Parks Departments）
开放空间区（Open Space Districts）

关键词

开放空间、公园、广场、滨水、需求、舒适、放松、被动参与、主动参与、发现、冲突、使用者群体、设计、规划、管理

很多纽约市广场被移到室内和私有化

城市开放空间：
为什么有的成功，有的失败？

提供好的使用体验是创造和维持一个成功开放空间的基本条件。过去对公园、广场和邻里开放空间的研究已经无疑证实了满足使用者需求是一个成功开放空间的先决条件。然而，太多的空间依然欠缺对使用者使用的关注。导致冲突的出现限制了开放空间的使用并且造成了昂贵并持续的管理与维护问题。

大部分开放空间运转良好，但是也有部分是闲置的、不安全的或功能失调的。是什么造就了一个成功的公共空间？某种程度上，可以通过调查那些没有响应人们需求以及没有被使用的场所来找出问题的答案。这些场所往往是空置的，即使有使用，也存在着不同使用者之间或使用者与管理之间严重的冲突。公共空间项目（Project for Public Spaces）是一个继承了威廉·H.·怀特（William H. Whyte）开创的研究方向的非营利组织，已评估了数百个在北美及海外的空间，而且已经在活动组织与空间设计方面发展了一套系统化的流程（PPS 2000）。公共空间项目发现的导致公共空间设计失败的几个原因列在表 3 中。

有几种情况限制了人们在公共开放空间的使用和享受。也许最主要的障碍是对于艺术与美学的过于强调。空间有时候被设计为抽象的艺术形式，与人们需要的便利设施几乎没有关联。使用无人场景照片推广优秀设计的刊物和设计评奖项目，强化这样的设计文化。由于公共与私人客户秉持空间应该首先为人而不是艺术的理念，这种纯美学主义的设计受到了一定限制。此外，对安全问题的关注、对不良分子的戒备以及不现实的工程预算，有时也影响了开放空间满足使用者需要的能力。

公共空间项目（PPS）提出了 4 个创造美好公共空间的主要的因素：可达性（accessibility）、活动性（activities）、舒适性（comfort）以及社交性（sociability）（PPS 2000：18-19）。根据公共空间项目的研究（PPS 2000：17），可达性包括了连接性、可步行性、连通性和便利性，它们可以通过使用行为地图、行人活动和交通数据来测量。活动性包括使用、庆祝活动、有效性和可持续性，它们可以通过地产价值、土地使用变更和零售销售来测量。舒适性包括安全、适宜坐歇的场所、吸引力和清洁程度等要素，这些可以通过犯罪统计、建设情况和环境数据来测量。社交性涉及亲和力、互动性和多样性等方面，可以通过街区使用的研究、使用者的多样性和社会网络来评估。表 4 概述了公共空间项目（PPS）建议的创造美好的公共开放空间的原则。

表 3　为什么公共空间失败
缺乏适宜休憩的场所
缺乏聚集地点
简陋的入口和视觉上难以到达的空间
功能紊乱性特性
无法连通人们想去的地方的道路
车辆占据的地方
空白墙壁或某处边缘没有活力的区域
位置不便的公交站点
没有吸引力

资料来源：Project for Public Spaces，*How to Turn a Place Around*，2000：21-29.

表 4 创造美好的公共空间的原则

基本理念

1. 社区群众是专家
2. 你正在创建一个场所而不是设计
3. 你无法独自创建
4. 他们总是说做不到

规划和推广技术

5. 通过观察你可以了解到很多
6. 发展一个愿景

把想法变成行动

7. 形式支持功能
8. 尝试

实施

9. 从容易做、投入少、见效快的事情开始
10. 钱不是问题
11. 你永远不会完工

资料来源：Project for Public Spaces，*How to Turn a Place Around*，2000：33.

我们怎样才能知道一个场所是否在为人服务呢？公共空间项目（PPS）列出了一个非常成功的公共开放空间的 5 项指标（PPS 2000：81-83）：1）高比例人群成组地使用空间；2）一个高于平均比例的女性使用这个空间，这种现象预示该空间能给人们较高程度的安全感和舒适感；3）不同年龄人群在每日不同的时段一起使用该空间；4）多种多样的活动同时进行；5）有许多情感活动发生，如微笑、接吻、拥抱和握手。

在大量研究中，关注使用者需求已被认为是建设和维护一个成功的开放空间的基本要求。过去对公园、广场和邻里开放空间的研究有力地表明，充分满足使用者需求是优秀公共空间的必要条件。

纽约市布鲁克林区的儿童花园

加利福尼亚州洛杉矶市区的行人道

西班牙巴塞罗那的兰布拉大道（Las Ramblas）

关于城市公园和开放空间的研究

在各种各样的案例研究中，满足使用者需求被认为是成功的城市公园和开放空间的重要组成部分。正是通过威廉·H·怀特（William H. Whyte 1980，1988）对纽约众多广场使用程度的开拓性观察，这一需要开始得到社会的关注。如今使用者需求已被众多组织，例如城市公园学会（UPI）、公共空间项目（PPS）和公共土地信托基金会（TPL）等，确认为影响城市公园和开放空间规划、设计和管理的最关键因素之一[2]。

对使用者需求越来越多的关注源于公众对开放空间的保护和发展的越来越多的支持（TPL 1994）。全国各地的选民一直赞成针对开放空间发行数额巨大的政府要债券（bond measures），包括从生态敏感的空地的购买到城市公园和花园的发展。例如，在 2000 年，加利福尼亚州的选民通过了一个数十亿美元的公园和开放空间的提案，州立法机构和州长已经提供了 7500 万美元来购买脆弱的栖息地和开放空间。

之后，全国许多州和城市都采用了这种方式。美国风景园林师协会（ASLA）指出，在 2000 年 11 月的选举中，有 25 个州批准了超过 75 个方案，承诺提供总额 30 亿美元来保护开放空间和增加游憩机会[3]。这些项目大部分需要关注人的需求才能取得成功。

2　其他关键因素包括活动策划、财务、管理和维护。详见城市公园和影响它们成果的因素的近期调查（Harnik，2000；Garvin and Berens，1997）。

3　详见：Marcia Argust，"Today's Political Landscape，LAND，"ASLA

被动参与，包括找到一个安静的场所睡觉，是一个成功的公共空间的要素。华盛顿拉斐特公园
（Lafayette Park，Washington，DC.）

公共政策开辟新的公共开放空间的努力，也使民众意识到人在开放空间设计中的重要性。分区使用规定（zoning requirements）是其中一个很有名的例子，它是自 20 世纪 60 年代早期在纽约市开始实施的，有很多新建的广场和公园是在此基础上建立起来的。城市规划者对那些出资兴建公共开放空间的发展商，以允许增加建筑高度和容积的形式提供奖励；这些政策使得这个城市新增了数百个广场。然而，公众对这些空间的公共性表示担忧（Madden and Love 1982；The Parks Council 1993）。

哈佛大学城市设计教授杰罗德·S·凯顿（Jerold S. Kayden 2000）的研究表明，纽约市的这些开放空间存在着很多问题。凯顿说："最坏的是，经过设计和运营，这些空间对公众的使用是不友好的。在公共空间周围，啤酒店突增，咖啡厅乱入，小饭馆陆续出现。这种现象使得使用者以为，他们必须在这里消费食物和饮品才能坐在桌边享受这些空间。"（2000；75）这些担忧使得许多城市开始重新评估这些开放空间政策及其设计导则。

表5　开放空间使用者需求的案例研究

基于问题的案例研究

儿童（Hart 1978；Moore 1986；Goltsman et al. 1987；Holloway and Valentine 2000）

控制（Carr and Lynch 1981；Francis1989a）

防卫性空间（Newman 1973）

经济效益（TPL 1994）

环境教育（Moore and Wong1997）

历史（Cranz1982；Tishler 1989）

无家可归者（Bunston and Breton 1992）

参与（Hester 1990，1999；Hart 1997；Francis 1999b）

公共空间的日照（Bosseimann 1983）

青少年（Owens 1998）

城市空间（Hiss 1990）

植被（Ulrich 1981，1984；Moore 1993）

公共空间的女人（Franck and Paxson 1989）

基于场所的案例研究

纽约市布莱恩特公园（Bryant Park，New York City）（Berens 1998；Thompson 1997；Francis 2000a）

纽约市中央公园（Central Park，New York City）（Barlow 1987；Lindsay 1977；Beveridge et al.1995）

马萨诸塞州波士顿市市政厅广场（City Hall Plaza，Boston，Massachusetts）（Carr et al. 1992）

华盛顿州西雅图煤气厂公园（Gas Works Park，Seattle，Washington）（Hester 1983）

纽约市布鲁克林区格兰街滨水公园（Grand Street Waterfront Park，Brooklyn，New York）（Francis et al. 1984）

俄勒冈州波特兰市爱悦广场和大会堂前喷泉广场（Lovejoy and Forecourt Fountain，Portland，Oregon）（Love 1973）

北卡罗来纳州曼蒂奥（Manteo，North Carolina）（Hester 1985）

华盛顿珀欣公园（Pershing Park，Washington，DC）（Carr et al. 1992）

巴黎蓬皮杜艺术中心（Pompidou Centre，Paris）（Carr et al. 1992）

加利福尼亚州萨克拉门托广场公园（Plaza Park，Sacramento，California）（Sommer and Becker 1969）

纽约市施格兰广场（Seagrams Plaza，New York City）（Whyte 1980）

纽约市立图书馆室外台阶（Steps of the New York Public Library，New York City）（Carr et al. 1992）

加利福尼亚州萨克拉门托城市野生动物保护区（Urban Wildlife Preserve，Sacramento，California）（Francis and Bowns 2001）

加利福尼亚州戴维斯"乡村之家"（Village Homes，Davis，California）（Francis 2001）

各种类型开放空间的案例研究

冒险游乐园（Cooper 1970）

儿童环境（Hart 1978；Moore 1986；Goltsman et al. 1987）

社区园圃和开放空间（Fox et al. 1985；Francis et al. 1984；Warner1987）

康复花园（Cooper Marcus and Barnes 1999；Bedard 2000）

市场（Seamon and Nordon 1980，Sommer 1989）

广场（Whyte 1980，1988；Gehl and Gemoze 1996）

街道（Brower 1988；Vernez-Moudon 1987；Jacobs 1961；Gehl and Gemoze 1996）

可持续社区（Francis 2001）

城市公园（Cochran et al. 1998；Harnik 2000）

城市荒野（Hester et al. 2000）

对过去案例的研究以及对使用者需求和冲突的调查，既有对特定地区公园和开放空间的案例研究，又包含了对特定问题或使用者组群进行调查。其中包括对儿童需求（Hart 1978；Moore 1986；Goltsman et al. 1987）、青少年需求（Owens 1998）、防卫性空间（Newman 1973）、经济效益（TPL 1994）和日照在公园和广场的作用（Bosselmann 1983）的研究。表 5 列出了部分这样的研究。

使用者需求

过去的研究关注了使用者在特定的开放空间中的需求，这些开放空间在 19 页的表 5 中列出。一系列研究表明公共空间的设计和管理中必须要考虑至少 5 个主要需求类型。这些的需求包括舒适、放松、被动参与、主动参与、探索。通过本研究，笔者发现了第 6 项——趣味，这个需求在以前的户外空间研究中被忽略了。过去的研究同时也表明使用者需求可能因为年龄（例如儿童、青少年、成年人和老年人）、性别、文化差异而略有不同。下文对每一种需求类型做了总结。

舒适

要使一个开放空间被很好地使用，那么这个空间必须是舒适的（Carr et al. 1992）。舒适可以简单地概括为，提供足够的适合的空间让人们坐下或者营造邀请的氛围。需要一定程度地满足人们对食物、饮水、遮风避雨或者是疲劳时休息场所的需求。没有舒适，常会导致其他的需求也无法被满足。但尽管人们有时候会克服不舒适的感觉来使用空间。另外，也有研究表明遮阳或者享受阳光是人们使用公共空间的主要原因（Bosselmann 1983；Whyte 1980）。多种形式的可达性，包括实际的和象征性的入口，也是舒适的基本前提。舒适还包括满

一个良好的公共场所提供舒适的座位

波特兰的先驱广场（Pioneer Square）被设计为一个舒适的广场

纽约市珮雷公园（Paley Park）因提供坐歇而成为一个好客的空间

有很多不同的方式提供坐歇，如佛蒙特州伯灵顿的教堂街（Church Street in Burlington）

园艺是一种在公共场所提供活动参与的方式之一　学校和社区花园提供主动参与的机会

足儿童和老人的特殊需求以及《美国残疾人法》（the Americans with Disabilities Act，缩写为 ADA）和消费者安全委员会（the Consumer Product Safety Commission，缩写为 CPSC）的政策。

放松

对开放空间的研究显示出人们经常寻找户外场所用来休憩放松。心理上的舒适感是人们在开放空间中寻求的体验之一。水和植被的康复作用能够提供好处，包括植物对人的心理作用（Cooper Marcus and Barnes 1999；Lewis 1996；Ulrich and Addoms 1981）。它还能影响特定的健康和心理问题，如缓解压力和降低血压（Ulrich 1981，1984）。大量的实证性研究显示了景观的疗效来自于感知或真正的放松（Bedard 2000；Taylor，Kuo，and Sullivan 2001；Cooper Marcus and Barnes 1999）[4]。

被动参与

被动参与是大多数人感受开放空间的方式。它可以引起放松感，但又与放松感不同，它是指与场所的有所接触但又不需要主动参与活动的需求（Carr et al. 1992）。被动参与包括人们从观看周围场景获得的享受。它可以是间接的或被动的，例如只是观看而不谈话或做其他事情。被动活动包括坐着、阅读、观看其他使用者、胡思乱想、睡觉或只是避开身边的事情。表演者或特别组织的活动者常常有助于满足使用者的这种需求（PPS 2000）。观看别人游戏和运动也提供了一种被动参与的方式。

主动参与

主动参与通常与空间有某些实际联系。开放空间自古以来就通过提供多种多样的运动或者体力活动场地来满足人

4　这些工作提供了实证性的研究，设计和自然的景观具有重要的健康和精神上的效益。尽管风景园林师自从弗雷德里克·劳·奥姆斯特德（Frederick Law Olmsted，1822-1903）以来已经证明了该作用，但是直到近几十年才拥有可靠的实证研究确定地证明它。

自然为孩子提供重要的探索机会

（左图）巴塞罗那的奎尔公园（Park Guell）提供了探索的机会

（右图）在一所加利福尼亚州戴维斯市的幼儿园中，由风景园林师苏珊·赫林顿（Susan Herrington）设计的幼儿花园（Infant Garden）提供运动和探索的机会

们主动参与的需求（Cranz 1982）。其他与环境主动参与的形式包含散步和园艺。这些需求催生了新兴的开放空间，如社区园圃（Warner 1987；Francis et al. 1984）和绿道（Flink and Stearns 1993；Schwartz et al.1993）。这种新形式的满足使用者的需求空间并没有出现在传统的开放空间类型中（Francis 1989b）。例如，在早期对萨克拉门托（Sacramento）一个社区园圃的研究论文中，作者发现当公园使用者在使用各种各样类型的公园时，社区园丁通常不会使用公园（Francis 1987c）。社区园艺是为了维持和维护花园的一种主动参与的活动（Fox et al. 1985）。

探索

探索性的需求可以通过多种形式来满足，从参观公共艺术和雕塑作品到偶然发现一个意料之外的地方或空间都能够提供这种满足。露天场所也可以提供重要的探索性的学习和教育的机会（Stine 1997；Adams 1990；Johnson 2000）。自然区域（Francis and Bowns 2001）、学校场地（Moore and Wong 1997）和学校花园（Moore 1986，1993）的开发证明了人们已经逐步意识到能够利用景观来促进学习[5]。

乐趣

公共空间的乐趣或兴奋度是一个重要和经常被忽略的使用者需求。例如像迪士尼乐园一样的主题和娱乐公园的开发者就深知这个需求并知道如何利用资金去营造它，尽管是在一个私有的和高度控制的环境中。当然许多流行的主题公园也都需要满足前文谈到的几种的需求，比如舒适、放松、积极参与、乐

---

5 这方面最发达、最令人印象深刻的例子之一是英国的"通过景观学习的计划"（Learning Through Landscapes Initiative）（Adams 1990）。

趣，其他方面如神秘、历险和挑战，同样是一个好的开放场所需要的重要组成元素。儿童冒险乐园（Cooper 1970；Nicholson 1971）和滑板公园（Jones and Graves 2000）是合理地响应这些需求的公共开放空间的很好的例子。

使用者冲突

使用者的冲突在城市开放空间中也很常见。它们可能源于对使用者需求的忽视、糟糕的设计或者是更大的社会问题，如吸食毒品和无家可归等。某些冲突例如不同使用群体间对开放空间的竞争，其实是有益于发展的，因为这创造了一种在自由和受控之间必要的张力（Carr and Lynch 1981；Francis 1989a）。然而好的活动组织、设计和管理有助于避免很多使用者冲突。

过去的研究已经发现，使用者的冲突常常源于对环境的忽略（Childister 1986；Joardar and Neill 1978）；经济因素（Fox 1990；Colorado State Trails Program 1995）；公平性差别（Jones forthcoming）；缺少公共开放性（Lynch 1972）；和私有化（Kayden 2000）。很多书籍已经调查了使用者的冲突：《人性场所》（*People Places*）（Cooper Marcus and Francis1998）、《庭院、街道和公园》（*Yard，Street，Park*）（Girling and Helphand 1994）、《交往与空间》（*Life Between Buildings*）（Gehl 1987）和《公共空间》（*Public Space*）（Carr et al. 1992）。另一些书籍也从历史、理论和社会学的角度研究了开放空间中的使用者冲突。重要的著作包括：《场所经验》（*The Experience of Place*）（Hiss 1990）、《景观语言》（*The Language of Landscape*）（Spirn 1999）、《美国大城市的死与生》（*The Death and Life of Great American Cities*）（Jacobs 1961）、《公园设计的政治学》（*The Politics of Park Design*）（Cranz 1982）、《景观城市》（*City as Landscape*）（Turner 1996）和《自然的体验》（*The Experience of Nature*）（Kaplan and Kaplan 1999）。由公共土地信托基金会和城市土地研究院组织的两个最近的全国性的关于公园和开放空间的研究：《城市公园之内》（*Inside City Parks*）（Harnik 2000）和《城市公园和开放空间》（*Urban Parks and Open Spaces*）（Gravin and Berens 1997），确认了在全国范围内城市公园中的冲突是普遍存在的。

前述研究已经区分了一些类型的冲突，从不同类型适用人群之间的冲突（如青少年和老年人），到更为复杂的文化冲突（如不同种族和利益群体）都有涉及。我将会简要地讨论其中一些最常见的种类。

安全和保护

使用开放空间产生愉悦感的前提是感受到安全和保护。对犯罪和暴力的恐惧，尤其是针对女性的暴力活动，会导致了一个看上去很不错的空间被弃用（Franck and Paxson 1989）。虽然真实犯罪和感觉到潜在危险是有区别的，但

挑战和冒险是乐趣的要素

历史分析是解决使用者需求和冲突的有用的方式之一

恐惧往往会导致人们远离这个空间，即使是那些非常优秀的设计和引人注目的场所。

不文明的行为

在开放空间中大部分的冲突源于场地中的一些恶劣的行为习惯（Gold 1972）。在城市公园中的典型恶习包括肆意破坏公物和独霸使用场地。正是因为这些场地中的恶习，城市公园管理部门和开放空间管理者常常需要花费更多的成本去解决这些问题。设计和活动组织是避免这些恶习的最有效方式（Cooper Marcus and Francis 1998；Carr et al. 1992）。

使用者群体间的冲突

不同类型的使用者群体之间的冲突是很常见和难以管理的。就如在城市公园中徒步者和山地自行车者的冲突、遛狗的人和其他公园使用者间的冲突、小孩和路上行驶车辆的冲突（Sandels 1975）、滑板爱好者和广场使用者的冲突（Jones and Graves 2000）。冲突还有可能是由一些所谓的不受欢迎的人和流浪汉引起的（Sommer and Becker 1969；Rivlin 1996；Mitchell 1998）。这些冲突通常都可以通过合理的活动组织、设计或者管理得到有效解决。例如，增加使用者的密度和多样性就被证明是减少冲突和增加空间使用率与愉悦感的最好办法之一（Francis 1999c）。

直接管控（direct control）是一个成功的公共空间的重要组成部分

文化差异

很多研究开放空间的学者认为文化和阶级差异会导致使用者的冲突

在公园中添加滑板场地如俄勒冈州波特兰市的伯恩赛德公园（Burnside Park），是一种让青少年进入公共开放空间的好方式

华盛顿自由广场（Freedom Plaza）的滑板者们由于他们和其他使用者的冲突，经常从公共开放空间中感受到排斥

很多公共开放空间并不按照预期设定的方式被使用，如这个在日本神户的广场

一些空间被设计为只是观看，如这个在加利福尼亚州苏萨利托（Sausalito）空间，牌子上写着："这个历史公园仅供您愉悦的观赏"

（Arreola 1995；Hester 1975；Lindsay 1977；Loukaitou-Sideris 1995）。其中一些冲突是由不同使用群体的使用方式造成的。加利福尼亚州立大学洛杉矶分校（UCLA）的规划师洛凯图-西德里斯（Loukaitou-Sideris 1995）曾经发现在洛杉矶的西语裔美国人和非裔美国人更喜欢使用公园进行固定的活动如社交聚会和玩耍放松。从一些现象来看，这种差异可能会消失。随着越来越多的美国人喜欢在开放空间中舒适地玩耍放松，不同使用群体间的文化差异正在逐渐消除[6]。玩耍放松正明显地成为更为普遍的开放空间的使用方式。

在最近一些关于洛杉矶市内及城市周边荒野地的调查中，兰迪·赫斯特（Randy Hester）和他的同事检验了场地不同文化使用者之间存在的实际使用冲突和臆想使用冲突，呈现了不同使用者群体使用城市公共空间的不同方式（Hester et al. 2000）。他们总结了并且证明了很多将使用者和他们与荒野地联系起来的故事都是不可信的。他们发现，与普遍的想法相反，"有色人种欣赏城市荒野的效益并且是最支持开放空间土地征用和公园建设的群体之一"（Hester et al. 2000：137）。此外，他们证明少数族裔对城市野生环境的使用并不会对生境保存和再生产生破坏。他们得出结论，未来城市公园的规划和设计成为"取决于生物和社会关注的问题整合"（Hester et al. 2000：137）。

性别冲突

人们逐渐认识到，女性通常在开放空间中会比男性有更多特殊的使用需要（Franck and Paxson 1989；Mozingo 1989；Bunston and Breton 1992）。女性在使用公共场合时会感到不舒适，特别是在她们觉得场地缺乏吸引力和没有安全感的时候。对安全、保护和舒适的需求是在为女性设计公共空间时极其重要的需要考量的因素。

6　星巴克和正在城市中发展的咖啡文化的好处之一是让美国人再次在公共场所中舒适的逗留。过去的研究记录了历史上在小酒馆和酒吧、街角、糖果店和书店等场所的逗留；随着时间的推移，这些活动已经减少。笔者记得数年前和丹麦城市设计师扬·盖尔（Jan Gehl）的一次讨论，他表明美国人不会成为丹麦人一样的行者和坐者。笔者希望我们正在证明扬·盖尔在这两点上是错误的。

很多公共空间的设计阻拦了无家可归者的使用

在设计中需要考虑"所有能力的人"（People of all abilities），比如说这个加利福尼亚州戴维斯的中央公园儿童喷泉。

能力

平等的进入并使用开放空间的需求正在不断增加。立法例如《美国残疾人法》（ADA）所带来的影响，即是设计师设计创造的场所仅仅只满足最低限度的规范要求，而并非真正考虑这项法律所照顾支持群体的使用需求。结果是，有些设计师在公共空间中正在做的是隔离，而不是具有包容性的空间（Jones and Welch 1999）。

公共空间私有化

私有化和公共性的对抗是公共空间中一个长期存在的矛盾（The Parks Council 1993；Kayden 2000）。随着对于发展及管理公园、广场、游戏场地的公共支持的减少，私营企业已经成为开放空间的主要投资商和开发商。开发商和产业拥有者越来越多地卷入公园的开发，他们带来了更多的对于那些历史上一直由公众拥有和管理的场所的控制程度的担忧。如今，公私合作关系已经在城市开放空间的开发及再开发中十分常见了。然而，这些关系通常存有争议，并且带来一些顾虑，诸如开放空间该属于附近的业主还是属于公众的问题。事实上，每一个城市都有关于公共空间私有化的争议问题。著名的案例包括最近的再设计拟建的波士顿市政厅广场（Boston's City Hall Plaza）、纽约布莱恩特公园（New York's Bryant Park）和旧金山联合广场米逊溪（San Francisco's Union Square）等项目。

使用和生态的矛盾

开放空间中一个让人们越来越顾虑的问题是使用者和生态之间冲突。生态学家和自然科学家频繁论证人类和野生生物需要分开并各自被保护。这在城市公园例如纽约市展望公园（Prospect Park）也是非常必要的。在该公园中，展望公园联盟（Prospect Park Alliance）将部分林地用栅栏隔开以此恢复它的奥姆斯特德式辉煌（Olmstedian glories）。对此，有一些人表示担心，认为太多的资金花在这个项目上而别的区域被忽略了。

加利福尼亚州北部的海滨牧场（Sea Ranch）的设计是平衡人类和生态的需要

　　尽管有坚实的科学依据来支持自然栖息地的保护，却仍然存在着日益增长的公众对亲近周边自然环境的渴望和生态学家需要建立与人群隔离的自然栖息地之间的冲突。随着人们对于接近更加自然的未开发区域的渴望变得强烈，这种矛盾也必然增加。不过也有一些有用和鼓舞人心的研究结果表明，自然区域可以在不被明显破坏的条件下为人合理使用（Gobster and Hull 2000；Kaplan et al. 1992；Hough 1995）。这一结论在不同背景和不同公共空间需求的人群中已被证实（Hester et al.2000）。

校园草坪，如北卡罗来纳州杜克大学的这块绿地，经常是人们聚集的中心场所

设计、发展和决策

几乎所有的过往的研究都指出了良好的设计及管理对于营造成功的公共空间的重要性。一系列的案例研究已经产生了一些对将使用者需求转化为设计或重新设计公共空间有用的概念。这些例子包括布莱恩特公园（Bryant Park）的研究和重新设计（Berens 1998；Thompson 1997；Nager and Wentworth 1977；Francis 2000a）、施格兰广场（Seagrams Plaza）（Whyte 1980）、纽约公共图书馆的室外台阶（Carr et al.1992）以及纽约中央公园（Barlow 1987；Lindsay 1977；Beveridge et al.1995）。另外，案例如波士顿市政厅广场（City Hall Plaza）（Carr et al. 1992）、西雅图的煤气厂公园（Gas Works Park）（Hester 1983；Carr et al. 1992）、俄勒冈州波特兰的爱悦广场和大会堂前喷泉广场（Love 1973）、北卡罗来纳州曼蒂奥（Manteo）（Hester 1985）、巴黎蓬皮杜艺术中心（Carr et al. 1992）、萨克拉门托（Sacramento）的广场公园（Plaza Park）（Sommer and Becker 1969）以及加利福尼亚州戴维斯的中央公园和戴维斯农贸市场（Francis 1999c）也都总结出了有用的基于使用者的需求的设计原理。

一些具有社会关怀的设计师和研究者们正在把使用者的需求转化为有建议性的设计和城市开放空间设计指导方针[7]。威廉·H·怀特（William H. Whyte）被广泛认为是分析城市公共空间为社会使用的先驱，提供了一系列有用的城市公共空间设计导则（Whyte 1980，1998）。他发现足够的坐憩空间（"人们可以坐在任何能坐下的地方"）、食物、阳光、挡风以及充足的水和植被是一个空间能被良好使用的所有基本要素（Whyte 1980）。他也是将街道融入城市公共空间设计的这一理念的早期拥护者，反对创造与公共街道环境相分离的空间。怀特为设计新型开放空间所编写的设计导则，曾被纽约市很大一部分新建的开放空间设计所使用。他通过1980年代早期在"新星"（Nova）公共电视节目中展示自己的作品，唤醒了一大群观众的意识。该节目的录像带常用于设计专业的教学，引导他们用怀特的独特方式看待开放空间。纽约市的公共空间项目（PPS）一直沿用他的方法，他的许多思想已成为标准的做法和政策。

农贸市场使城市开放空间更有活力

风景园林师例如劳伦斯·哈普林（Lawrence Halprin）和兰迪·赫斯特（Randy Hester），还有更多以及最近的沃尔特·胡德（Walter Hood）和劳里·奥林（Laurie Olin）（详见布莱恩特公园案例研究），已经在他们的项目里证实了成功的设计是创造成功的开放空间的前提。哈普林（Halprin 1970；1998）在他的大部分作品里多次展示了设计可以用于解决由使用者的复杂性产生的问题，安排和预设使用者的活动空间和类型，满足使用的多样性需求，他的成功作品如波特兰爱悦广场和大会堂前喷泉广场前庭喷泉以及华盛顿罗斯福纪念园（FDR Memorial）都是很好的例子。劳里·奥林（Laurie Olin），在数量众多的位于旧金山、纽约或者其他地区新建的公园和公共空间的设计之中，展示了良好的设计和使用者的需求可以完美地结合起来。

7　知名的例子包括沃尔特·胡德（Walter Hood）的《城市日志》（Urban Diaries，1997）、戴安娜·卡罗索夫（Diane Karasov）的《曾经和未来的公园》(The Once and Future Park，1993)、凯文·林奇（Kevin Lynch）的《城市形态》(Good City Form，1981) 和彼得·罗（Peter Rowe）的《公民现实主义》(Civic Realism，1997)。几个有用的城市开放空间设计导则包括克莱尔·库珀·马库斯等 (Clair Cooper Marcus) 著的《人性场所》(People Places，1998)、扬·盖尔（Jan Gehl）的《交往与空间》(Life Between Buildings，1987) 和格林等（Girling et al.）著的《庭院、街道和公园》(Yard，Street，Park，1994)。

有组织的活动，比如在马来西亚广场上的表演，提高了一个公共空间的使用

用于徒步和跑步的小径和绿道正在增加使用，如这条在加利福尼亚州北部的海滨牧场（The Sea Ranch）的公共小径

开放空间的类型正在增加，比如这个在纽约市布鲁克林区的儿童花园

　　一项又一项的研究已经表明，只是设计并不能够创造成功的公共空间。看似精心设计的空间却忽视了使用者需求的基本原则，这样的例子比比皆是。在有效的设计中，解决使用者需求是一个关键的因素，应该在任何尺寸的空间设计中给予考虑。如果空间忽略了人的需求，那么它们并没有得到很好的设计。

　　尽管为使用者需求的设计因开放空间的类型或环境而不同，一些基本的原则对绝大多数的开放空间是普遍适用的：

- 任何的开放空间的设计和管理应该解决使用者的需求。
- 有组织的活动是解决使用者需求的关键。
- 人们进入、专用和使用的权利在开放空间的设计和管理中必须得到保护。
- 使用者和甚至一些非使用者（如附近的居民）应该直接参与到开放空间的设计和管理之中（Hester 1990；Kretzman et al. 1993）。
- 使用者和利益相关者的参与应该是真实的而不是敷衍的（Hart 1997；Hesler 1999）。
- 设计和管理应该结合设计师和使用者的愿景（Hester 1999；Francis 1999b）。
- 适应性和灵活性应该设计到项目之中（Gehl and Gemoze 1996）。
- 持续的评估和再设计是任何开放空间"长寿"的关键（Cooper Marcus et al. 1998）。

这个公园现在接纳成千上万的使用者光顾

——劳里·奥林（Laurie Olin），1997 年

1990 年代重新设计之后的布莱恩特公园

布莱恩特公园：
一个为使用者需求而设计的案例研究

布莱恩特公园的历史生动地展示出在密集的城市中心中管理公共空间的一些固有的矛盾。考虑到它的位置，将布莱恩特公园定位为一个休闲场所的想法，一方面是适当的，但另一方面来看又是不现实的。显然，许多都市人都在寻求一个能从城市的喧闹中脱离出来的场所，布莱恩特公园是曼哈顿中部为数不多可以提供这样休憩的地方之一。事实上，在 1976 年对公园的研究中，安妮塔·纳吉尔（Anita Nager）和沃利·温特沃斯（Wally Wentworth）从接受采访的公园使用者中发现，放松或休憩是公园内最常见的活动。

然而，这两位调研者还认为，那些使得公园成为一个休憩寓所和放松场所的元素，例如茂盛的植被和石头篱笆，将街道与公园隔离开来，同样形成了半封闭的空间，为毒贩的交易提供了便利。在 20 世纪 70 年代至 90 年代期间，这里一直都为密集的毒品交易提供了庇护，这种情况直到 20 世纪 90 年代公园重建后才得以消除[8]。在 20 世纪 70 年代，人们清楚地认识到，必须调整一些设计元素或者转变公园的管理方式，才能防止公园被毒贩以及吸毒者的非法交易活动占用；并且还应该扩大公园的使用群体，将当地的上班族和购物者囊括在内。这种关注使得公园得以被重新设计和开发，改建的部分于 1991 ~ 1995 年分阶段建设完成。

---

8 这个案例的材料来源于：Biederman and Nager, *"Up from smoke: A new improved Bryant Park？"*（1981）; Carr, et al., *Public Space*（1992）; Garvin and Berens, *Urban Parks and Open Space*（1997）; Longo, *Great American Public Places*（1996）; Nager and Wentworth, *"Bryant Park: A comprehensive evaluation of its image and use with implications for urban open space design"*（1976）; and Thompson, *The Rebirth of New York City's Bryant Park*（1997）.

项目名称	纽约州纽约市布莱恩特公园
项目地点	曼哈顿区的美洲大道与第 41 街和第 42 街的交界路段，在纽约公共图书馆背后。
规划设计时间	1934 年设计，20 世纪 90 年代初重新设计
建成时间	1991 ~ 1995 年分阶段（修复）建设完成
建设费用	公园改造费用是 590 万美元
场地面积	4.6 英亩（约 1.86hm^2）
风景园林师	汉娜 / 奥林风景园林师事务所（Hanna/Olin，Landscape Architects）
委托人和开发商	纽约市公园局和布莱恩特公园修复公司（New York City Parks Department & Bryant Park Restoration Corporation（BPRC））
工程顾问 / 建筑师	纽约市哈迪—霍尔兹曼—法伊弗合伙人事务所（Hardy Holzman Pfeiffer Associates，简称 HHPA）
经营管理	纽约市公园局和布莱恩特公园修复公司

布莱恩特公园在重新设计之前是一个贩毒者喜欢逗留的地方

概况（Context）

布莱恩特公园和时代广场相隔一个街区，坐落于纽约公共图书馆主馆的背后，是曼哈顿熙熙攘攘的市中心的重要的公共开放空间。它地处曼哈顿繁忙的办公区和文教区，是服务于上班族、游客和学生的户外休憩场所。在 20 世纪 70 年代，它被大量毒贩和无家可归者占据。在今天，它成了一个复兴和民主的城市公共空间的先驱，对其他城市起到了示范性的作用。

场地分析

布莱恩特公园三面环街，第四面毗邻纽约公共图书馆的背面。3 条街道中的 2 条即第 42 街和美洲大道，是非常繁忙的交通干道。具有历史意义的场地元素包括美国悬铃木（Sycamore）围合成的中央草坪区域和西端广场。公园的绝大部分地区可以看到曼哈顿市中心宏伟的天际线，而著名的卡雷尔和哈斯丁（Carrère & Hastings）建筑师事务所设计的纽约公共图书馆形成了公园东端强烈的视线边界。20 世纪 70 年代初，安妮塔·纳吉尔和沃利·温特沃斯（Anita Nager and Wally Wentworth 1976）对布莱恩特公园进行了使用者行为分析的研究，随同的还有拍摄和调查研究园区使用情况的社会学家威廉·怀特（William Whyte）。20 世纪 80 年代风景园林师劳里·奥林（Laurie Olin）对公园进行了草图构思、场地分析和重新设计的研究[9]。几个关于论证公园的重要性和开发计划的经济研究也在这一时期完成。

9　奥林的迷人的草图详见威廉·汤普森（William J. Thompson）于 1997 年出版的《纽约市布莱恩公园的重生》（*The Rebirth of New York City's Bryant Park*）第 9 至 17 页。

项目背景和历史

虽然自 19 世纪 50 年代中期以来布莱恩特公园一直作为一个公共开放空间供公众使用，但是其主要结构于 1934 年才建立，在 20 世纪 90 年代初进行了修改。1823 年，布莱恩特公园原本是贫民（或无亲人者）的公共墓地。直到 1847 年，它才被开发为一个城市公园并命名为水库公园——"这是在场地旁边的城市水库修建之后；该水库如今被公共图书馆代替了。"（Berens 1998：45）。在 1884 年，公园被重命名为布莱恩特公园，因为诗人威廉·布莱恩特（William Cullen Bryant）是公园建设的有力支持者。1923 年，当罗伯特·摩西（Robert Moses）成为纽约市公园局负责人后，他筹备了这个公园主要的再发展计划。摩西想把公园打造成一个拥有茂盛的树木和树篱的"极具宁静之美的场所"，而不是一个尽情娱乐的场所（Biederman and Nager 1981）。摩西举行了设计竞赛，获奖设计将该公园转变成受古典风格影响的规则式空间，公园被石栏环绕，而公园的设计也采用了中轴对称的形式。

布莱恩特公园最初的设计是开放和古典的风格

在摩西重新设计之前，这个公园的场地与周边人行道标高相同。由于摩西的公园设计，使用了附近的地铁修筑时挖掘的土方将公园垫高，使其超过了周边的街道。城市土地学会的盖尔·贝伦斯（Gayle Berens）曾为公园撰写过一篇出色且细致的案例研究，认为 20 世纪 60 年代末公园衰落的原因是"被拥有闲暇时间的使用者遗忘了"（Berens 1998：46）。最近的重建工程主要是改变布莱恩特公园作为用于毒品交易的"毒针公园"的形象（Longo 1996）。常年的忽视、恶化以及使用问题促使洛克菲勒兄弟基金会（Rockefeller Brothers Fund）提供资金资助了对该公园的重新检查。这项基金资助了著名的公共空间研究专家威廉·怀特（William Whyte），他在已经完成的布莱恩公园研究的基础上制定了重新设计的准则。

在怀特的报告提交后，为了重建公园，以公私合营作为运作方式的布莱恩公园修复公司（BPRC）成立，一个设计团队被雇佣。公园建设自 20 世纪 90 年代初开始，如今已经焕然一新，迎来重生与转变。现在的布莱恩公园是曼哈顿市中心的一座使用良好而且受到欢迎的开放空间。

项目成因

布莱恩特公园的再开发产生于这个公园严重的社会和犯罪问题。为了重建公园，洛克菲勒兄弟基金会和公园周边私营企业共同集资于 1980 年组建了布莱恩特公园修复公司。这个公司与纽约市的城市公园以及警务管理部门合作，承担了公园的养护和安保的工作，它的主要目标是"使用活动充实公园，吸引尽可能多的合法使用者来到公园"（BPRC 1981）。在运作期间，修复公司与公园委员会（Parks Council）、公共艺术基金（Public Art Fund）以及其他组织合作，在公园内组织了一系列的节事和新的活动。它们包括了：一系列的演唱会，一次艺术家进社区活动，艺术与工艺品展览，一个出售半价音乐、舞蹈活动门票的售票亭以及书摊、花摊等（Carr et. al 1992）。人们普遍认为这些公共活动、警务改善以及维护保养显著地增加了公园的使用率并减少了犯罪率（Fowler 1982）。然而，显而易见的是，复兴这座公园还有许多工作要做。在 20 世纪 90 年代，布莱恩特公园修复公司雇佣风景园林设计事务所汉娜／欧林（Hanna／Olin）重新设计这座公园。这个事务所的设计目标是使公园成为一个多用途和对使用者友好的城市开放空间。

在 1970 年代和 1980 年代，布莱恩特公园在工作日的午餐时分是一个受欢迎的"人性"场所，但在其他时候未被充分利用

设计和发展过程

20 世纪 90 年代初期，公园分阶段完成了一系列总价值约为 500 万美元的改建项目，这些项目包括：增加更多的座位，增加公园入口，整修绿篱、草坪和花坛，重修喷泉和布莱恩特雕像，扩大大草坪（Great Lawn）下方纽约公共图书馆的中央书库。以擅长历史古迹项目而闻名的哈迪—霍尔兹曼—法伊弗合伙人事务所完成了纽约公共图书馆背面向公园的新增的餐馆的设计。但是，这个私人建设项目侵犯公园领地的方案遭到了强烈地反对；反对者包括影响力颇高的倡仪公园重建的民间组织——公园委员会。经过 3 年的公开辩论和审查，原先的建设规模被缩小，原有的建设方案改为在上层露台上建造两座较之前更小的建筑。其中，一座作为高档餐馆，另一座建筑出售价格低廉的食物。这个重新设计以及一系列积极大胆的活动组织、充足的维护经费（包括一项 200 万美元的日常维护预算以及 35 名全职工作人员）以及食物、音乐和可移动座椅等新元素的增加，奠定了公园的成功（Thompson 1997；Berens 1998）。

风景园林师的角色

风景园林师劳里·奥林（Laurie Olin）和他的汉娜奥林（Hanna/Olin）事务所在设计和重建过程中扮演了主要的角色。由于之前存在诸如死角太多、隐蔽空间较多以及配套设施缺乏的设计问题，改造前的公园使用率极低，奥林将设计的重点放在了"设计而不是社会学"之上，在摩西的 20 世纪 30 年代的经典设计原则基础上做出了一些精细的改变。

项目元素

公园的重新设计项目源于纽约城市大学研究生院（City University Graduate Center）的环境心理学博士生安妮塔·纳吉尔（Anita Nager）和沃利·温特沃斯（Wally Wentworth）的原始行为调查（Nager & Wentworth 1976）；该研究生院直接面向布莱恩特公园。威廉·怀特总结到："出入口是症结所在。从心理学及物理学角度来说，布莱恩特公园是一个隐藏起来的场所。解决问题的最佳方式是提供尽量多的公园使用方式，提升公园的休憩娱乐功能。"（Berens，1998：46）怀特于 1979 年将这项调查转换成了一系列针对性的建议：

- 移除铁栅栏；
- 移除灌木；
- 在栏杆上切出开口使得行人来往更加容易；
- 提高位于美国大道旁台阶上的出入口的可见度；
- 在现有的台阶和第 42 街的中间设置第 3 个台阶；
- 为残障人士提供坡道；
- 设置新的台阶方便游人往来公园和图书馆背后的平台；
- 修复喷泉；
- 恢复卡雷尔和哈斯丁（Carrère & Hastings）建筑师事务所设计的具有历史意义的卫生间的设施。

虽然不是所有的想法都能够在最后的设计方案中被采纳，它们却成了布莱恩特公园必不可少的设计参考。一些额外的元素也被囊括到公园的更新设计中，比如说 2000 个可移动折叠式座椅，以及让公园的边界看起来像是一个公共花园大量的新植栽；厕所也被修复了，配备鲜花以及一张婴儿更衣桌。

布莱恩特公园自从 1990 年代重新设计之后，被广泛使用已经成为纽约市一个主要的户外空间

维护和管理

在最近关于布莱恩特公园的案例研究中，大规模的维护和管理工程被认为是公园重生的关键因素之一（Berens 1998；Thompson 1997）。积极的活动对公园的成功做出了重要的贡献。比如，布莱恩特公园和布莱恩特公园修复公司已经举办了几场免费的音乐会、时装表演、定期举行的集市。35 名员工维护和管理这个公园，包括"一个全职园艺师，一队维护和保洁人员和一个全天候、无假期工作的保安团队"（Thompson 1997: 33）。这种超过寻常级别的维护是一个由纽约市（曾经多次放弃对公园的维护责任）、使用周边建筑的企业或机构以及私人基金会组成的独特的公私合营组织来实施的。一个商业促进区（Business Improvement District，缩写为 BID）[10] 评估这个公园需要的管理和人工维护费用。

10　译者注：商业促进区内的商户需要缴纳额外的税款给有关机构，用来支付当地政府无法提供的服务。

人们喜爱布莱恩特公园里可移动的座椅

使用者和使用分析

通过之前的详细研究所总结出的一些重要的使用行为问题，是公园此次一次更新重建项目的诱因。在 1970 年代早期，安妮塔·纳吉尔和沃利·温特沃斯的详细研究识别出公园的许多核心的物理环境问题。其中许多安全问题被认为是使得人们在高峰时期之外远离公园的原因。1977～1980 年间，笔者所在的教师办公室就位于布莱恩特公园的对街。他经常在午饭时间或者天气好的时候使用这个公园，也经常要求学生通过使用这个公园来评价城市公园的使用和意义。虽然公园在走下坡路，但它依旧是一个脱离了繁忙的曼哈顿市中心的世外桃源。在公园边界上的毒品交易时有发生，但是中心草坪（Central Lawn）通常是一个安全的避风港，尤其是在人多的时期。正是这种不安全感使得规划师和土地拥有者们都想改变这个公园。

重新设计完成之后，公园的使用频率和使用者的类型明显增加。通过研究管理人员的记录可以发现，改建后公园的使用频率是以前的两倍多，其中女性的使用频率也明显增加了（Thompson 1997：33）。1993 年，在公园部分改建完成以后，一个就读于 1976 年完成原始的公园使用行为研究的纽约城市大学（CUNY）的环境心理学专业的学生完成了一个使用后评价（Park 1993）。通过使用行为观察法和访谈法，作者发现可见性的增强和出入口数目的增加让人们在使用公园的时候觉得更加安全。纽约城市大学学生的研究发现，这一成功更应该归因于公园的维护和安保巡查的增加，而不只是设施上的改变。然而，毫无疑问，新的设计像磁铁一样吸引着游客，对公园的成功做出了贡献。为了使这个公园有效地保持城市公园的功能，后续的观察、评估、项目策划和更新设计将是必需的。

同行评价

布莱恩特公园得到了众多的风景园林和城市设计团体广泛的认可。它得到了很多来自不同组织的奖项，例如美国风景园林师协会、美国建筑师学会（American Institute of Architects）和区域规划协会（Regional Plan Association）（Thompson 1997：34）。该项目的介绍也曾被很多专业杂志和书籍刊登。布莱恩特公园曾在1996年被"城市计划"（Urban Initiatives）聘请的一个杰出的评委会推选为60个美国最繁荣和成功的公共空间案例之一（Longo 1996）。在1998年，它赢得了由环境设计研究协会和场所（*Places*）杂志联合颁发的首批示范场所奖（Exemplary Place Awards），该奖项的评审委员会包括风景园林师劳伦斯·哈普林（Lawrence Halprin）、建筑师唐林·林登（Donlyn Lyndon）和社会研究者克莱尔·库珀·马库斯（Clare Cooper Marcus）。从业内人士的评价来看，布莱恩特公园已经成为自弗雷德里克·劳·奥姆斯特德设计的中央公园以来最有宣传和示范效应的城市公园之一。布莱恩特公园在大众媒体上也享有相当高的评价。据比尔·汤普森（Bill Thompson 1997：34）所言，《时代》（*Time*）杂志称布莱恩特公园为"1992年最佳设计"，《纽约》（*New York*）杂志称它为"触摸到杜伊勒里（Tuileries）……是利用私有资金恢复公共空间的完美代言"，保罗·戈德伯格（Paul Goldberger）在《纽约时报》（*New York Times*）上撰写的文章称修复后的公园为"纯粹喜悦的丰碑"。

批评

然而，重新设计的公园并非没有批评的声音。有些人表示，担心公园已经被私有化了。凭借重新的设计和升级改造，增加昂贵的餐厅，公园吸引了更多来自社会上层的使用者，并阻止了大量不受欢迎的使用人群。

对孩子而言，布莱恩特公园充满乐趣

表演活动让布莱恩特公园生气勃勃

城市设计师史蒂芬·卡尔（Stephen Carr）、环境心理学家琳娜·里福林（Leanne Rivlin）、规划师安德鲁·斯通（Andrew Stone）和笔者在公园重建之前提到了许多担忧（Carr et. al. 1992）。一个批评是，布莱恩特公园是否可以在容纳所有这些新活动的同时仍然能够作为日常游客休闲放松的地方。另一个问题是，谁掌握了公园的控制权。在 1983 年春天，布莱恩特公园修复公司联合纽约公共图书馆，与纽约市公园局签订了长达 35 年的合约。按照合约，在纽约市公园管理专员的监督下，该公司负责园区各个方面的维护、管理和改造。作为最初的咖啡馆提案和全面管理计划的回应者，后来担任纽约市公园委员会主席的彼得·伯利（Peter Berle）说：

我担心公共用地失去公园体系的监管而成为私有的实体。如果一个私有的实体在运营公园，谁能保证来年你和我不会成为不受欢迎的人呢？（Carmody 1983：B3）

布莱恩特公园因为最近在成为一个真正的民主的开放空间方面失败，受到了纽约市公共空间项目（PPS）主管弗雷德·肯特（Fred Kent）的批评：

曾经备受瞩目的公园正在出现陷入困境的迹象，纽约的布莱恩特公园是一个例子。该公园通过改造把人群带回到一个曾经被弃置的、毒贩子聚集的场所，名噪一时。当繁茂的草坪和便利的可移动的座椅让这个公园多年来成为一个过度被使用的场所的时候，它专用于私人利益的情况也日益增加。在公园的主入口，星巴克已经成为当地咖啡的供应商。由于半年一次的梅赛德斯 - 奔驰纽约时尚周（Mercedes-Benz New York Fashion Week）（包括布置和复原），对普通民众而言，这个公园事实上每年多达一个月是不可达的。布莱恩特公园已经成为一个自身成功的牺牲品并正在断绝与它本来应该服务的公众的联系（Kent 2003：1）。

项目意义和独特性

布莱恩特公园成了如何将破败的有历史价值的城市公园转变为生机勃勃、成功的公共空间的范例。用来重建布莱恩特公园的公私合营的方式已经被广泛誉为更新衰退期老旧的城市开放空间的最好的方式（Berens 1998）。

局限性

布莱恩特公园早期改造的成功是否可以长期持续并不明确。最近的维护和管理的资金的下降，引起了人们一些担忧，即当前的使用水平能否持续而不对公园的形象和安全形成冲击。

总体特征和经验教训

布莱恩特公园重生的关键因素：活动组织、可移动的座椅、食物、高质量的维护、优秀的设计和细部，是任何成功公共空间共有的因素；尽管筹集用于改建布莱恩特公园所需要的资金规模即使是在其他市中心区的主要公园中也不一定能够达到。即使如此，有些迹象显示用于公园复兴的资金正在逐渐增加。布莱恩特公园的进程和设计为相似的公园项目提供了一些借鉴。用于改造布莱恩特公园的流程模式可以被相似项目借鉴。布莱恩特公园是利用行为分析结合细致入微的设计创造成功的公共空间的榜样。然而，并不是每个城市公园都能够依靠私有资源得到数以百万美元的预算。大多数项目的预算和范围都是适中的。然而，复兴的原则是相同的，即让人们参与，做详细的社会和经济分析，并意识到单凭设计通常是不够的（活动组织和管理都很关键），好的公园必须通过持续的评估和再设计来保证成功。

布莱恩特公园修复组织正不断地为公园寻找额外的资金，他们要扩大公园开放时间并建立一个雕塑计划（Berens 1998）。另外他们还要更新第 40 街和第 6 大道街角的展馆。

参与是一种规划使用者需求的良好的方式

参与是个人和团体协同工作实现特定目标的过程。开放空间使设计师和公职人员在这些公共资源的持续设计、规划和管理中，得以直接纳入相关的社会群体。

社区参与

设计规划管理过程中的社区知情和参与使居民感觉到他们与社区的联系更加紧密。社区参与虽然有时可能会引起争议，但更多的时候是富有成效和有益的，是营建成功的城市开放空间的一个必不可少的部分。开放空间为居民提供了参与活动以及融入社区的渠道，提供了场所感，同时提高了生活品质，社区与个人因之受益。

城市开放空间也可以通过建立居民之间以及居民和他们居住地的大环境之间的联系来营造场所感。城市开放空间可以在空间上重新连接社区，通过建立或恢复被诸如高速公路、城市蔓延和失败的规划决策而破坏的历史联系。绿道、绿色街道以及线性公园现在是广泛使用的公共开放空间类型（Smith and Hellmund 1993）。

鼓励居民参与城市公园和开放空间的开发的好处包括建立更强的社区感（PPS 2000）和增加使用者或社区对开发场地的控制感（Francis 1989a）。有许多低成本和有效的社区参与的方法，比如讨论会、问卷调查、访谈、观察等（Hester 1990）。

纽约市布鲁克植物园的具有悠久历史的儿童花园

　　然而，需要理解的是，社区参与是有风险和局限性的。风景园林师兰迪·赫斯特（Randy Hester）认为参与有时会导致他所说的"参与式僵局"，即没有获得对既定方案的一致认同产生了反对建立环境或社会的目标。他建议需要通过"一个愿景"来提高社区参与的有效性，这个"愿景"是一个代表了城市官员和设计师的清晰的共同期望（Hester 1999）。这个愿景能够在设计和规划的过程中被参与者修改，城市官员和设计师需要以他们的方法主动引导（Francis 1999）。

纽约市曼哈顿下城的一个儿童游乐场地

由于来自当地市民的社区反对，加利福尼亚州圣路易斯奥匹斯堡（San Luis Obispo）的米逊溪（Mission Creek）免于被美国陆军工程兵团（U.S. Army Corps of Engineers）渠道化

风景园林师的角色

在开放空间项目中，风景园林师在提供使用者需求方面扮演着关键及通常是决定性的角色。他们在引导客户和倾听使用者的诉求来确定空间的最佳方案方面非常有影响力。风景园林师需要更多地参与公共领域的营建。通过纽约曼哈顿下城的"世贸中心遗址"（Ground Zero）重新设计方案，哈格里夫斯合伙人事务所（Hargreaves Associates）、奥林合伙人事务所（Olin Partnership）、肯·史密斯（Ken Smith）和场域运作事务所（Field Operations）等设计机构显示了风景园林师可以在营造公共空间中扮演着领导者的角色。设计人员能够更加主动进取的方式之一便是从业者通过更好的继续教育了解最佳方法和实践。风景园林专业学生通过更好的训练学习如何把使用者需求纳入设计之中。

俄勒冈州波特兰购物中心（Portland Transit Mall）的公交候车亭

维护和管理方法

　　一个空间如何管理和维护是其成功的关键。在众多的管理技术帮助下，管理公共空间的艺术和科学现在发展迅速，这些管理技术包括活动组织、使用者管理分类和公私合作。这些方法已经有效地运用在纽约市的布莱恩特公园和旧金山的联合广场（Union Square）的重新设计之中。很多指导手册提供了在城市开放空间的管理过程中有效解决使用者需求的方法。评估人群使用以及通过管理减少用户冲突的方法还包括了使用者分析、充分参与和高效的管理。

管理能增益阳光下的坐歇场所的可达性，例如这条在尤金市（Eugene）的俄勒冈大学校园旁边的商业街道

在密歇根州弗林特市（Flint）的一个可参与的喷泉

评估公共空间的需求和局限性

现在已经有非常先进的方法识别公共开放空间中使用者的需求。最显著的方式是通过使用后评估（POE）来判定人们的使用和设计的意图事实上成功与否（Copper Marcus and Francis 1998）。有几种最常见的用于识别在开放空间中使用者的需求和冲突的方法[11]。它们包括档案研究、观察、使用地图、访谈、环境自传（environmental autobiography）、图绘、参与、摄影、航拍照片分析、GIS、CAD。过去大多数的研究都组合使用这些方法来研究和设计城市开放空间。

城市开放空间中使用者需求的相关文献

关于公共空间的使用者需求和冲突有很多文献记录。专业设计杂志如《风景园林》（Landscape Architecture）以及《场所》（Places）的专题文章和项目与使用者的需求和冲突有关。同行评审的期刊如《景观学刊》（Landscape Journal）、《建筑和规划研究学刊》（Journal of Architectural and Planning Research）和《城市设计学刊》（Journals of Urban Design）刊登城市开放空间的实证研究。此外，一些设计奖项如环境设计研究协会和《场所》奖（EDRA/Places Awards Program）和鲁迪·布鲁纳（Rudy Bruner）环境设计奖（Rudy Bruner Award in Environmental Design）也特别强调城市场所设计中的使用者的需求[12]。一个更完整的期刊目录详见本案例研究的最后。

11　马登（Madden）和罗文（Love）撰写由公共空间项目（the Project for Public Spaces）于 1982 年出版的《使用者分析：公园规划和管理的方法》（User Analysis: An Approach to Park Planning and Management）依然是最综合和最有用的文献之一，也可以参考蔡塞尔 (Zeisel) 于 2001 年出版的《通过设计探究》（Inquiry by Design）。

12　最专业的设计奖励项目如由美国风景园林师协会（ASLA）和美国建筑师学会（AI A）提供的，都不要求提供使用证据和使用者满意度作为设计奖励的评选标准。这些获奖项目的出版和描述常常忽视人们的使用。

评论

有些人辩称，只考虑使用并不能造就一个设计良好的开放空间。例如，纽约市的公共空间项目（Project for Public Spaces in New York City，2000）宣称，场所应该被创造而"不只是设计"。它们的"将公共空间改造成伟大的社区场所的 11 个步骤"中的 3 条都强调通过设计来组织活动和实现优秀开放空间的自我进化。此外，他们强调，设计是"永远不会结束的"（PPS 2000）。

> 如果你的目标是创造一个场所（我们认为它应该是），设计本身是远远不够的。我们的目标是创造一个有强烈的社区感和舒适形象的场所，以及一个整体相加大于局部之和的环境协调、活动和用途多样的空间。这说起来容易，但很难做到……虽然设计是很重要的，但其他的元素告诉你，你需要什么"形式"来实现空间的未来愿景（PPS 2000）。

显然，使用者的需求仅仅是开放空间设计应该考虑的许多因素之一，但是非常重要。其他的问题，比如预算、美学和形式，也是很重要的，但往往强调以牺牲使用者的需求为代价。我们需要的是，在更大程度上整合开放空间设计中涉及的生态、经济、技术、社会和文化相关的方法，并在设计中把它们合并到开放空间营造之中。我们还需要对潜在的使用者保持一个更开放的态度，应对可能的使用者的多种类型和多样性。这需要我们发现有谁没有使用场所以及他们如何才能被吸引并使用它。

一个更深层次的问题是社区参与会导致一些使用者想要设计者隔离和限制开放空间，限制空间的使用功能，甚至限制使用者。一些学者像路易丝·莫辛格（Louise Mozingo）认为风景园林师需要提倡更公开的公共物品，询问人们的需求，能够从中发现问题。使用者有时会比较狭隘和自私，不在乎他们是否能享受到更好的公共物品，所以社区参与的过程可能不幸地使一个公共场所不那么公共。

我们需要一种更加批判性和开放的观点来记录公共空间项目的成功和失败。在这方面，《风景园林》杂志（Landscape Architecture）近来已经开始扮演着重要的角色。风景园林基金会的"土地和社区设计案例研究丛书"也提出，评估和批评是公共空间案例研究的重要组成部分。

人们在挪威卑尔根的中心广场（Central Square）上下棋

为什么设计城市公共空间？

在成功的开放空间设计中，使用者的需求是一个重要的问题，尽管还有其他如我们之前讨论过的重要问题也是不容忽视的。需求通常是解决其他问题的先决条件。尽管有的需求具有场地特异性，但还是有一些可以应用到城市公园和开放空间的设计或重新设计的普遍适用的原则。

限制和难题

设计师在设计中不考虑人们需求的常见原因之一是缺乏时间和预算。然而，也有许多设计师缺乏对研究进展的理解，导致对使用者的需求和冲突的关注流于表面。另外，设计师或管理者也经常缺乏良好的激发和引导社区参与（community outreach）并理解社区愿景的方法。大部分客户很在乎这些问题，在项目的工程计划和公众参与的过程中，有些客户也会鼓励设计师去处理这些问题。但是，另外一些客户，则需要我们去说服，让他们明白提前考虑使用者的需求有助于节省以后的费用。笔者以及其他专业人员如兰迪·赫斯特（Randy Hester）、汤姆·福克斯（Tom Fox）、苏珊·戈尔兹曼（Susan Goltsman）的设计经历证明了：尽管在早期的设计阶段考虑使用者的需求和冲突会占用一些额外的时间，但是这将会避免项目延误和重新设计节省以后的时间。

西班牙马德里的一个由街道改建的公园（pedestrian park）

公共空间设计原则

尽管因场地和周边环境而异，对于绝大多数的场所而言，使用者需求的原则具有普遍的适用性。衡量使用者需求的要素，诸如舒适、放松、主动和被动参与、探索以及乐趣适用于绝大多数城市开放空间的设计。基于文化、年龄或性别的使用冲突也存在于绝大多数类型的空间。通过在国内外的研究项目，公共空间项目（PPS）提出了一些营造成功公共空间的设计技巧。公共空间项目（PPS）推荐的以下设计和管理，不但适用于改善现有开放空间，也同样适用于新开放空间的设计（表6）。

表 6　公共开放空间的设计和管理建议

使用与活动

——提供使用者活动需要的设施。
——创造人们聚集的中心。
——与来自当地组织（教堂、学校、图书馆以农贸市场等）的人才一起，发展一系列面向社区的活动，以此在短期上吸引人群，凸显管理工作的存在。
——试着改变在空间中举办的活动的类型，或者必要时对空间进行改造，使它能更好地满足活动的需要。
——与附近的业主及零售商共同努力，寻求方法出租闲置建筑的底层，赋予地区新的活力。

舒适与形象

——在细心择取的位置增加实用的设施，如座椅、电话、垃圾桶、信息亭、食品摊贩、面向社区的公共艺术、鲜花、饮水器。
——通过小卖部或问讯处彰显管理的存在，可以通过建立新的入口，或者通过窗户为临近建筑提供朝向这个场所的视野。
——通过更频繁地使用和更多活动来吸引使用者，或者委派专人负责安保工作，以此提升场所的安全感。
——改善维护工作，包括日常清洁工作和设施的定期检修。
——开展社区警务管理工作。

可达性和连接

——拓宽人行道，或者在横过马路的地方延伸人行道的范围，更好地平衡步行与其他交通工具的关系（如轿车、巴士、自行车、货车等）。
——人行横道需要有清晰的标识，并且要设置在便利的地方。
——为自行车的使用提供便利（自行车道、锁车装置、停车架，等）。
——在闲置的地段建设并赋予用途，以此创造连续的步行体验。
——处理好路边停车与其他使用的关系。
——通过改变交通信号灯的时间来改善行人通道。
——通过强制性措施或规定来改善停车状况。

社交性

——开发焦点空间，即可以容纳各种活动的公众聚集场所。
——安排能鼓励社交互动的设施，比如成组的长椅、可移动的座椅。
——举办能吸引人群的特别节事和活动。
——鼓励社区志愿者协助改善和维护场所。
——在相邻的建筑合作提供多种使用途径，以此吸引不同的人群。

资料来源：Project for Public Spaces，*How to Turn a Place Around*，2000，86-93.

西班牙马德里的一个雕像公园

美国马里兰州巴尔的摩的港湾市场

将来的问题与研究

对开放空间中使用者需求的研究和实践进步使我们意识到，有一些重要的问题仍然有待解决。其中最值得注意的是，我们还需要更好地理解，设计在解决公园或开放空间使用者需求过程中的作用。我们需要更多已经尝试解决使用者需求的真实场所的案例研究。

在这个领域里，未来的研究可包括以下内容：

——在开放空间中处理使用者需求和冲突的历史和理论的作用[13]。

——在创造、使用和体验开放空间的过程中，公民运动和市民参与包括邻避主义（NIMBYism）的效果。

——满足使用者需求的经济支出与收益。

——能够满足使用者需求的植物选择。

——可持续的实践和设计对于解决使用者需求的影响。

——使用者、设计者、管理者对于公共空间审美的异同。

——其他的处理使用者需求的成功和失败的项目以及最佳实践的案例研究。

其他有用的方法包括在初始阶段就对公共空间开展的活动进行策划，并使这些活动成为设计组成部分。设计者和公共空间的开发者需要共同合作，在这个阶段中，公众的参与是非常有效的。采用已经存在的设计模式的可以启发设计。这些信息可以从城市公园学会、城市公园论坛（City Parks Form）、公共土地信托基金会（联系方式详见附录）中找到。有关设计模式的书比如克里斯多夫·亚历山大等著（Christopher Alexander et al.）的《建筑模式语言》(*A Pattern Language*, 1977)是非常有用的，应该根据不同的环境与情况进行调整。

13　盖伦·克兰兹（Galen Cranz）的《公园设计的政治学》(*The Politics of Park Design*, 1982)，提供了有用的历史分析，显示了对使用者需求的关注在整个20世纪如何显著地发生变化。另见海顿（Hayden）的《场所的力量》(*Power of Place*, 1995)以及伯恩鲍姆（Birnbaum）和卡森（Karson）的《美国风景园林设计先驱》(*Pioneers of American Landscape Design*, 2000)。

旧金山市中心是一个充满活力的城市空间

结论与建议

以人们需求为导向的设计，对开放空间的设计者与经营者来说都是一项持续的重大挑战。在未来，我们需要更好地理解使用者的需求与冲突以及它们在开放空间发展中的角色。设计者在解决使用者需求的时候需要分清两种情形[14]。一方面，在重新设计现存的公共空间的时候，我们服务的对象是现有的社区成员；另一方面，参与这个过程的社区成员不一定就是空间的最终使用者。对此，对使用者需求的研究会对设计特别有帮助。在一些公共开放空间中，社区设计过程是比文献研究更有帮助的，在另外一些情况中，文献研究可能会更为有用。

过去的案例研究发现，即使是好的开放空间，也不能只是设计而不去维护更新。随着时间推移，这些空间需要被重新评价并改造来满足不断改变的使用者需求。以案例研究为形式的使用后评价（POE）应该成为所有建成公共空间设计管理的一部分。公园机构、非营利组织、公民团体、风景园林师们（如美国风景园林师协会（ASLA）的地方分会）之间应该形成合作关系，共同支持在社区之中的持续的评价与改造。这些工作不应该是孤立的研究，而应该成为更大的综合开放空间项目的一部分。

14　笔者感谢路易丝·莫辛格 (Louise Mozingo) 指出了这个根本的差异。

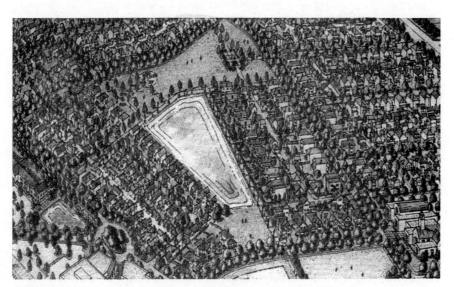

新都市主义者（New Urbanist）需要在他们的规划设计中考虑使用者的需求和冲突

　　风景园林基金会、美国风景园林师协会以及公共土地信托基金会、城市土地学会、城市公园论坛、城市公园学会等姊妹组织，可以合作去处理开放空间中的使用者需求和冲突。这个问题太大，任何一个组织都不能独自解决。这样的合作能为开放空间之维护和发展的最佳原则和实践带来新的启示。从现状来看，这样的合作将会得到越来越多的公众支持和潜在的基金资助。

俄勒冈州大学的 Erb 纪念联盟（Erb Memorial Union，缩写为 EMU）广场是一个经过良好设计的满足使用者需求的公共空间

将来的工作方向

公众对城市开放空间的维护和发展的兴趣和支持将继续扩大。风景园林师需要寻求途径，以便在这场运动中起到更核心的领导作用。为了实现这点，他们需要在设计工作中更有效地运用研究进展。同时，研究人员必须填补风景园林师对使用者需求理解的空白，诸如设计与形式在塑造舒适、难忘的大众场所中的适宜角色。案例研究是一种有效的途径，能够借此扩大风景园林师的影响，并使项目更为成功。为了理解如何把使用者需求更有效地用设计的语言表达出来，我们还需要对新案例研究的形式进行研究。基于人们需求的活动组织、规划、设计和管理是开放空间以及这个专业未来发展必不可少的。

参考文献

Adams, E. 1990. *Learning Through Landscapes*. UK: Learning through Landscapes Trust.

Altman, I., and E. Zube, eds. 1989. Public Places and Spaces. *Human Behavior and Environment*, Vol. 10. New York: Plenum.

Arreola, D. 1995. Urban Ethnic Landscape Identity. *Geographical Review* 85, 4: 518-534.

August, M. 2000. Today's Political Landscape, Land. *ASLA*. December 1.

Barlow, B. 1987. *Rebuilding Central Park: A Management and Restoration Plan*. Cambridge: MIT Press.

Becker, F. 1973. A Class-conscious Evaluation: Going back to Sacramento's Pedestrian Mall. *Landscape Architecture* 64: 295-345.

Bedard, M. 2000. Healthy Landscapes: Guidelines for Therapeutic City Form. Unpublished Master's Thesis, University of California, Davis.

Berens, G. 1997. Bryant Park. *Urban Parks and Open Space*. Washington, DC: The Urban Land Institute: 44-57.

Beveridge, C. E., D. Larkin, and R Rocheleau. 1995. *Frederick Law Olmsted: Designing the American Landscape*. New York: Rizzoli.

Birnbaum, C. A., and R. A. Karson, eds. 2000. *Pioneers of American Landscape Design*. New York: McGraw Hill.

Bosselmann, P. 1983. Shadowboxing: Keeping Sunlight on Chinatown's Kids. *Landscape Architecture* 73: 74-76.

Briffet, C. 2001.Is Managed Recreational Use Compatible with Effective Habitat and Wildlife Occurrence in Urban Open Space Corridor Systems? *Landscape Research* 26, 2: 137-163.

Brower, S. 1988. *Design in Familiar Places*. New York: Praeger.

—.1996. *Good Neighborhoods*. New York: Praeger.

Bunston, T., and M. Breton. 1992. Homes and Homeless Women. *Journal of Environmental Psychology* 12: 149-162.

Calthorpe, P. 1993. *The Next American Metropolis: Ecology, Community, and the American Dream*. New York: Princeton Architectural Press.

Carmody, D. 1983. Proposal for Restaurant in Bryant Park Disputed. *The New York Times*. May 16: B3.

Carr, S., M. Francis, L. Rivlin, and A. Stone. 1992. *Public Space*. New York: Cambridge University Press.

Carr, S., and K. Lynch. 1981.Open Space: Freedom and Control. In L. Taylor, *Urban Open Spaces*. New York: Rizzoli.

Chidister, M. 1986. The Effect of Context on the use of Urban Plazas. *Landscape Journal* 5, 2: 115-127.

Cochran, A, M. Francis, and H. Schenker, eds. 1998. 35 *Case Studies of California Urban Parks*. Davis, CA: Center for Design Research.

Colorado State Trails Program. 1995. The Effect of Greenways on Property Values and Public Safety.

Cooper, C. 1970. Adventure Playgrounds. *Landscape Architecture* 61, 1:18-29, 88-91.

Cooper Marcus, C. and M. Barnes, eds. 1999. *Healing Gardens*. New York: Wiley.

Cooper Marcus, C., and C. Francis, eds. 1998. *People Places: Design Guidelines for Urban Open Space*. Second Edition. New York: Wiley.

Cooper Marcus, C., and T. Wischemann. 1987. Outdoor Spaces for Living and Learning. *Landscape Architecture* 78: 54-61.

Cranz, G. 1982. *The Politics of Park Design*. Cambridge: MIT Press.

Flink, C., and R. Seams. 1993. *Greenways, A Guide to Planning, Design, and Development*. Washington, DC: Island Press.

Fox, T. 1990. *Urban Open Space: An Investment that Pays*. New York: Neighborhood Open Space Coalition.

Fox, T., I. Koeppel, and S. Kellam. 1985. *Struggle for Space: The Greening of New York City*. New York: Neighborhood Open Space Coalition.

Francis, M. 1987a. Urban Open Spaces. In E. Zube and G. Moore, eds. *Advances in Environment Behavior and Design*. New York: Plenum.

—.1987b. The Making of Democratic Streets. In A. Vernez-Moudon, ed, *Public Streets For Public Use*. New York: Columbia University Press.

—.1987c. Some Different Meanings Attached to a Public Park and Community Gardens. *Landscape Journal* 6: 100-112.

—.1988. Changing Values for Public Space. *Landscape Architecture* 78, 1:54-59. January-February.

—.1989a. Control as a Dimension of Public Space Quality. In I. Altman and E. Zube, eds., Public Places and Spaces. *Human Behavior and Environment*. Volume 10. New York: Plenum.

—.1989b. The Urban Garden as Public Space. *Places* 6, I.

—.1999a. A Case Study Method for Landscape Architecture. Final Report. Washington, DC: Landscape Architecture Foundation.

—.1999b. Proactive Practice: Visionary Thought and Participatory Action in Environmental Design. *Places* 12, 1:60-68.

—.1999c. Making a Community's Place. In R. Hester and C. Kweskin, eds., *Democratic Design in the Pacific Rim: Japan, Taiwan and U.S.* Mendocino, CA: Ridge Times Press: 156-163.

—.2000a. A Case Study Method for Landscape Architecture. *Landscape Journal* 19, 2.

—.2000b. Habits of the Proactive Practitioner. In I. Kinoshita, ed., Proceedings of the Second Conference of Democratic Design in the Pacific Rim: Japan, Taiwan and U. S. Tokyo.

—.2001.*Village Homes: A Place-Based Case Study*. Washington DC: Landscape Architecture Foundation.

—.2002. Village Homes: A Case Study in Community Design. *Landscape Journal*. 21, 1:23-41.

—.2003. Parks as Community Engagement: A Guide for Mayors. Chicago: City Parks Forum, American Planning Association.

Francis, M., and C. Bowns. 2001 .Research-Based Design of an Urban Wildlife Preserve. In J. Zeisel, *Inquiry by Design*. Second Edition. New York: Cambridge University Press.

Francis, M., L. Cashdan, and L. Paxson. 1984. *Community Open Spaces*. Washington, DC: Island Press.

Franck, K. A. and L. Paxson. 1989. Women and Urban Public Space: Research, Design, and Policy Issues. In E. Zube and G. Moore, eds, *Advances in Environment, Behavior and Design*, Vol. 2. New York: Plenum: 122-146.

Garvin, A., and G. Berens. 1997. *Urban Parks and Open Spaces*. Washington: The Urban Land Institute.

Gehl, J.1987. *The Life Between Buildings*. New York: Van Nostrand Reinhold.

Gehl, J. and L. Gemoze. 1996. *Public Spaces Public Life*. Copenhagen: Danish Architectural Press.

Girling, C. L., and K. Helphand. 1994. *Yard, Street, Park: The Design of Suburban Open Space*. New York: Wiley.

Gobster, RH., and B. Hull. 2000. *Restoring Nature*. Washington, DC: Island Press.

Gobster, P. H., and L M. Westphal. 1995. *People and the River*. Chicago: USDA Forest Service, North Central Forest Experiment Station.

Gold, S. M. 1972. Nonuse of Neighborhood Parks. *Journal of the American Planning Association* 38, 6: 369-378.

Goltsman, S., D. lacofano, and R. Moore. 1987. *The Play for All Guidelines: Planning, Design and Management of Outdoor Settings for All Children*. Berkeley: MIG Communications.

Hamilton, L. W., ed. 1997. *The Benefits of Open Space*. Trenton: Rutgers University and Great Swamp Watershed Association.

Harnik, P. 2000. *Inside City Parks*. Washington DC: Urban Land Institute.

Hart, R. A. 1978. *Children's Experience of Place*. New York: Irvington.

—.1997. *Children's Participation*. New York: UNICEF.

Hayden, D. 1995. *The Power of Place*. Cambridge: MIT Press.

Hester, R. T., Jr. 1975. *Planning Neighborhood Spaces with People*. New York: Dowden Hutchinson & Ross.

—.1983. Labors of Love in the Public Landscape. *Places* 1: 18-27.

— .1985. Subconscious Landscapes in the Heart. *Places* 2, 10-22.

—.1990. *Community Design Primer*. Ridge Times Press.

—.1999. Refrain With a View. *Places*.

Hester, R. T., Jr., N. J. Blazej, and I. S. Moore. 2000. Whose Wild? Resolving Cultural and Biological Diversity Conflicts in Urban Wilderness. *Landscape Journal* 18, 2:137-146.

Hester, R., and C. Kweskin, eds. 1999. *Democratic Design in the Pacific Rim: Japan, Taiwan and U.S.* Mendocino, CA: Ridge Times Press.

Hiss, T. 1990. *The Experience of Place*. New York: Knopf.

Holloway, S., and G. Valentine, eds. 2000. *Children's Geographies. Living, Playing, Learning and Transforming Everyday Worlds*. London: Routledge.

Hood, W. 1997. *Urban Diaries*. Washington, DC: Spacemaker Press

Hough, M. 1995. *Cities and Natural Process*. New York: Routledge.

Jacobs, A. 1995. *Great Streets*. Cambridge: MIT Press.

Jacobs, J. 1961.*The Death and Life of Great American Cities*. New York: Vintage Books.

Johnson, J. 2000. Design for Learning: Values, Qualities and Processes of Enriching School Landscapes. LATIS Document. Washington, DC: American Society of Landscape Architects.

Joardar, S. D., and J. W. Neill. 1978. The Subtle Difference in Configuration of Small Public Place. *Landscape Architecture* 68, 11:487-491.

Jones, S. [forthcoming]. Open Space and Environmental Equity. *Landscape Journal*.

Jones, S., and A. Graves. 2000. Power Plays in Public Space: Skateboards as Battle Ground, Gifts, and Expressions of Self. *Landscape Journal* 19, 1, 2:136-148.

Jones, S., and P. Welch. 1999. Evolving Visions: Segregation, Integration, and Inclusion in the Design of Built Places. *Proceedings of the Environmental Design Research Association* [EDRA]. EDRA 30.

Kaplan, R. and S. Kaplan. 1989. *The Experience of Nature*. New York: Cambridge University Press.

Kaplan, R., S. Kaplan, and R. L. Ryan. 1998. *With People in Mind: Design and Management of Everyday Nature*. Washington, DC: Island Press.

Karasov, D., ed. 1993. *The Once and Future Park*. New York: Princeton Architectural Press.

Kayden, J. S. 2000. *Privately Owned Public Space: The New York City Experience*. New York: Wiley.

Kent, F. 2003. Urban Parks: Innovate Or Stagnate. Op Ed. *Planetizen*. New York: Project for Public Spaces.

Kepes, G., ed. 1972. *Arts of the Environment*. New York: George Braziller.

Kinoshita, I., ed. 2000. Proceedings of the Second Conference of Democratic Design in the Pacific Rim: Japan, Taiwan and U. S. Tokyo.

Kretzman, J. P., and J. L. McKnight. 1993. *Building Communities From the Inside Out: A Path Toward Finding and Mobilizing a Community's Assets*. Evanston IL: Center for Urban Affairs and Policy Research, Neighborhood Innovations Network, Northwestern University.

Lewis, C. 1996. *Green Nature/Human Nature: The Meaning of Plants in Our Lives*. Urbana: University of Illinois Press.

Lindsay, N. 1977. Drawing Socio-Economic Lines in Central Park. *Landscape Architecture* 67, 6: 515-520.

Lofland, L. 1998. *The Public Realm: Exploring the City's Quintessential Social Territory*. New York: Aldine De Gruyter.

Longo, G. 1996. *Great American Public Places*. New York: Urban Initiatives.

Loukaitou-Sideris, A. 1995. Urban Form and Social Context: Cultural Differentiation in the Uses of Urban Parks. *Journal of Planning Education and Research* 14, 2: 89-102.

Love, R.L. 1973. The Fountains of Urban Life. *Urban Life and Culture* 2: 161-209.

Lynch, K. 1972. The Openness of Open Space. In G. Kepes, ed., *Arts of the Environment*. New York: George Braziller.

—.1981.*Good City Form*. Cambridge: MIT Press.

Mitchell, D. 1998. Anti-Homeless Laws and Public Space: Begging and the First Amendment. *Urban Geography* 19, 2: 98-104.

Madden, K., and K. Love. 1982. *User Analysis: An Approach to Park Planning and Management*. New York: Project for Public Spaces.

Moore, R. C. 1993. *Plants for Play: A Plant Selection Guide for Children's Outdoor Environments*. Berkeley: MIG Communications.

Moore, R. C. 1986. *Childhood's Domain: Play and Place in Child Development*. London: Croom-Helm.

Moore, R. C., and H. H. Wong. 1997. *Natural Learning: The Life History of an Environmental Schoolyard*. Berkeley: MIG Communications.

Mozingo, L. 1989. Women and Downtown Open Space. *Places* 6, 1, Fall.

—.1995. Public Space in the Balance. *Landscape Architecture*. February.

Nager, A. R., and W. R. Wentworth. 1976. [1977 in text] *Bryant Park: A Comprehensive Evaluation of its Image and Use with Implications for Urban Open Space Design*. New York: CUNY Center for Human Environments

Newman, 0. 1973. *Defensible Space*. New York: MacMillian.

Nicholson, S. 1971.Theory of Loose Parts: How Not to Cheat Children. *Landscape Architecture* 62: 30-34.

Oldenburg, R. 1989. *The Great Good Place*. New York: Paragon.

Owens, P. E. 1998. Natural Landscapes, Gathering Places, and Prospect Refuges: Characteristics of Outdoor Places Valued by Teens. *Children's Environments Quarterly* 5, 2: 17-24.

Parks Council. 1993. *Public Space for Public Life: A Plan for the 21st Century*. New York: The Parks Council and Central Park Conservancy.

Phillips, L. E. 1996. *Parks: Design and Management*. New York: McGraw Hill.

Project for Public Spaces (PPS). 2000. *How To Turn a Place Around*. New York: PPS.

Rivlin, L.G. 1986 [1996 in text]. A New Look at the Homeless. *Social Policy* 16, 4: 3-10.

Rowe, P. G. 1997. *Civic Realism*. Cambridge: The MIT Press.

Sandels, S. 1975. *Children in Traffic*. London: Paul Elek.

Schwartz, L., C. Flink, and R. Stearns. 1993. *Greenways: A Guide to Planning, Design, and Development*. Washington, DC: Island Press.

Seamon, D., and C. Nordon. 1980. Marketplace as Place Ballet: A Swedish example. *Landscape* 24: 35-41

Sommer, R. Farmers Markets as Community Events. 1989. In I. Altman and E. Zube, eds., *Public Places and Spaces*. New York: Plenum: 57-82

Sommer, R. and F. Becker. 1969. The Old Men in Plaza Park. *Landscape Architecture* 59: 111-113.

Spirn, A. 1999. *The Language of Landscape*. New Haven: Yale.

Stine, S. 1997. *Landscapes for Learning*. New York: Wiley.

Taylor, L. 1981. *Urban Open Spaces*. New York: Rizzoli

Taylor, A. F., F. E. Kuo, and W. C. Sullivan. 2001. Coping With ADD: The Surprising Connection to Green Play Settings. *Environment and Behavior* 33, 1: 54 -77.

Thompson, W. 1997. *The Rebirth of New York City's Bryant Park*. Washington, DC: Spacemaker Press.

Tishler, W., ed. 1989. *American Landscape Architecture*. Washington, DC: National Trust for Historic Preservation.

Trust for Public Land (TPL). 1994. *Healing America's Cities. Why We Must Invest in Urban Parks*. San Francisco: TPL

Ulrich, R. S. 1981. Natural Versus Urban Scenes: Some Psychophysiological Effects. *Environment and Behavior* 13: 523-555.

—.1984. View Through a Window May Influence Recovery from Surgery. *Science* 224: 420-421.

Ulrich, R., and D. L Addoms. 1981. Psychological and Recreational Benefits of a Residential Park. *Journal of Leisure Research* 13, 1: 43-65.

Vernez-Moudon, A., ed. 1987. *Public Streets for Public Use*. New York: Columbia Univers Press.

Warner, S. B. 1987. *To Dwell is to Garden*. Boston: Northeastern University Press.

Whyte, W. H. 1979. Revitalization of Bryant Park. Report to the Rockefeller Brothers Fund.

—.1980. *The Social Life of Small Urban Spaces*. Washington, DC: The Conservation Foundation.

—.1988. *City: Rediscovering the Center*. New York: Doubleday.

Zeisel, J. 2001. *Inquiry by Design*. Second Edition. New York: Cambridge University Press

Zube, E. and G. Moore, eds. 1987. *Advances in Environment, Behavior and Design*. New York: Plenum.

期刊

Architecture

*Children's Environment Quarterly**

Harvard Design Journal

Journal of American Planning Association

Journal of Architectural & Planning Research

Journal of Urban Design

*Landscape**

Landscape Architecture

Landscape & Urban Planning

Landscape Journal

Places

标记 * 的杂志不再印刷，但是它们的过刊刊登有关于使用者需求和冲突的有用的论文和研究。

网站和电子邮件讨论组

Adaptive Environments: www.adaptenv.org

American Community Gardening Association: www.communitygarden.org

American Planning Association: www.planning.org

Council of Educators in Landscape Architecture: www.ssc.msu.edu/-Ia/cela/

Environmental Design Research Association: www.edra.org

Landscape Architecture Foundation: www.LAFoundation.org

Project for Public Spaces: www.pps.org

Trust for Public Land: www.tpl.org

University of Toronto CLIP site: www.clr.utoronto.ca/virtuallib/clip

Urban Land Institute: www.uli.org

Urban Parks Institute: www.pps.org/urbanparks

图片版权拥有者

封面	美国加利福尼亚州戴维斯中央公园和农贸市场，马克·弗朗西斯（Mark Francis）摄。
卷首插图	左：美国俄勒冈州波特兰市俄勒冈大学 Erb 纪念联盟广场（EMU），斯坦·琼斯（Stan Jones）摄；中：美国佐治亚州萨瓦纳（Savannah）街道景观，简·奇利亚诺（Jan Cigliano）摄；右：加利福尼亚州戴维斯（Davis）的中心公园和农贸市场中的儿童嬉戏喷泉，马克·弗朗西斯（Mark Francis）摄。
扉页	西班牙马德里市人行道，简·奇利亚诺（Jan Cigliano）摄。

除非另有注释，其他所有照片都由马克·弗朗西斯（Mark Francis）拍摄。

布莱恩特公园修复公司（Bryant Park Restoration Co）	42,51,52,55 页上图和下图
彼得·卡尔索尔普（Peter Calthorpe）	74 页，引自：P. Calthorpe, *The Next American Metropolis*. New York: Princeton Architectural Press, 1993; 承蒙普林斯顿建筑出版社授权使用。
斯蒂芬·卡尔（Stephen Carr）	第 22, 45, 49 页
苏珊·查尼（Susan Chainey）	第 x, 67 页
简·奇利亚诺（Jan Cigliano）	第 i 页中图，第 iv 页，第 40、68、70 页上图和下图。
乔治·E·哈特曼（George E. Hartman）	第 72 页

斯坦·琼斯（Stan Jones） 第 i 页左图、第 viii 页、第 21 页上图、第 29 页上图、第 32 页下图、第 75 页

罗伯特·劳特曼（Robert Lautman） 第 36 页

拜伦·麦卡利（Byron McCulley） 封面、第 64 页

纽约公共图书馆（New York Public Library） 第 28 页上图、第 47 页

信息源

American Society of Landscape
Architects (ASLA)
636 Eye Street, NW
Washington, DC 20001
202-898-2444
202-898-1185 FAX
www.asla.org

CLIP: Contemporary Landscape
Inquiry Project
Center for Landscape Research
InterNetwork
School of Architecture and Landscape
Architecture
University of Toronto
230 College Street, Toronto, ON M5S
1A1
416-978-6788
wright@clr.utoronto.ca
www.clr.utoronto.ca/VIRTUALLIB/
CLIP/

Environmental Design Research
Association

P.O. Box 7146
Edmond, OK 73083-7146
405-330-4863
405-330-4150 FAX
edra@telepath.com
www.telepath.com/edra/home. html

Landscape Architecture Foundation
818 18th Street, NW
Suite 810
Washington, DC 20006
202-331-7070
202-331-7079 FAX
www.LAFoundation.org

Project for Public Spaces (PPS)
153 Waverly Place, 4th floor
New York, NY 10014
212-620-5660
212-620-3821 FAX
pps@pps.org
www.pps.org

Trust for Public Land (TPL)

116 New Montgomery St., 4th Floor
San Francisco, CA 94105
415-495-4014
415-495-4103 FAX
info@tpl.org
www.tpl.org

Urban Land Institute Project
Reference Files
1025 Thomas Jefferson St, NW
Suite 500 W
Washington, DC 20007-5201
202-624-7016
202-624-7140 FAX
www. uli.org/prf/test/index.htm

Urban Parks Institute (UPI)
153 Waverly Place, 4th floor
New York, NY 10014
212-620-5660
212-620-3821 FAX
Urbparks@pps.org
www.pps.org/urbanparks

索引

15　英文版的相应页面上没有这个主题词。

16　英文版的相应页面上没有这个主题词。

17　英文版的相应页面上没有这个主题词。

18　英文版的相应页面上没有这个主题词。

19　英文版原文是 green at Duke University，在第 7 页。

20　英文版的相应页面上没有这个主题词。

21　英文版原为 26，在第 26 页上查无此词，该词出现在第 20 和 25 页上，现已更正。

22　英文版的相应页面上没有这个主题词。
23　英文版的相应页面上没有这个主题词。

24　英文版原文是 drug dealers in，相应页面是"drugdealers"。
25　英文版没有这个主题词，只有 Genesis of Project。

26　英文版没有这个词，只有 Ground Zero。

27　英文版的第 73 页有 Recommendations，第 74-75 页无，也没有完整的 Recommendations for future 主题词。

28　第 4 页是 different ages，sex，or cultural background；第 20 页是 sex，and cultural difference。

29　英文版第 38 页只有 sun,没有 sunlight。

30　英文版该页面上没有这个主题词。

31　英文版的第 73 页有 Recommendations，第 74-75 页无，也没有完整的 Recommendations for future 主题词。
32　英文版的第 2、13、28、29、31、33、34 页有 conflicts 或 conflict 无 use conflicts；第 4 和 26 页有 use conflicts；第 30、32、34 也无 conflicts。
33　英文版的第 31 页有 viewing only，也没有完整的 viewing only types 主题词。
34　英文版的第 31 页有 viewing only，也没有完整的 viewing only types 主题词。
35　英文版的第 29 页有 Freedom Plaza，无 Freedom Park。

关于作者

马克·弗朗西斯（Mark Francis）是美国风景园林师协会会士（FASLA）、加州大学戴维斯分校风景园林学教授和摩尔—亚克发诺—戈尔茨曼股份有限责任公司（Moore Iacofano Goltsman，缩写为 MIG，Inc.）高级设计顾问。他在加州大学伯利克分校和哈佛大学分别接受风景园林和城市设计的专业教育。他是 60 多篇论文和书籍章节的作者，其作品被译为 10 余种语言。他的著作包括《社区开放空间》（*Community Open Spaces*，Island，1984）、《花园的意义》（*The Meaning of Gardens*，MIT，1990）、《公共空间》（*Public Space*，Cambridge，1992）和《加州风景园：生态、文化和设计》（*The California Landscape Garden：Ecology，Culture and Design*，California，1999）。他因设计、规划、研究和写作获得了 8 个美国风景园林师协会（ASLA）的荣誉奖和优秀奖（Honor and Merit Awards）以及 1 个百年纪念奖章（Centennial Medallion）。他的研究集中于建成和自然景观的使用和意义。他的很多研究是运用案例研究方法，研究公园、花园、公共空间、街道、近郊自然（nearby nature）和城市公共生活。他是环境设计研究协会（EDRA）前任主席、《建筑与规划研究学刊》（*Journal of Architectural and Planning Research*）副主编、《景观学刊》（*Landscape Journal*）、《规划文摘学刊》（*Journal of Planning Literature*）、《环境和行为》（*Environment & Behavior*）、《儿童和青少年环境》（*Children，Youth and Environments*）、《设计研究连接》（*Design Research Connections*）等杂志的编委。

作者致谢

这个案例研究沿用了之前为风景园林基金会研究项目研发的方法论和格式。这是作者为风景园林基金会土地和社区设计案例研究丛书研发的 3 个原型案例研究（基于场所、基于问题和教学）之一。其目的是研究城市开放空间使用者基于场所的需求，同时建立同类问题的研究模板。

这次案例分析的前期准备工作得到了加利福尼亚州风景园林学生奖学金基金（California Landscape Architect Student

Scholarship Fund，简称 CLASS Fund）的拉夫·哈德森环境研究基金（Ralph Hudson Environmental Fellowship）和格雷哈姆基金会美术高级研究项目（Graham Foundation for Advanced Studies in the Fine Arts）的资助。另外，加利福尼亚州立大学农业实验站也提供了支持。我也要感谢玛丽·贝达德（Mary Bedard）、凯西·布莱哈（Kathy Blaha）、苏珊·埃弗雷特（Susan Everett）、汤姆·福克斯（Tom Fox）、彼得·哈尼克（Peter Harnik）、兰迪·赫斯特（Randy Hester）、斯坦顿·琼斯（Stanton Jones）、林恩·洛夫兰德（Lyn Lofland）、路易丝·莫辛格（Louise Mozingo）和琳恩·里夫林（Leanne Rivlin）、弗雷德里克·斯坦纳（Frederick Steiner），他们对我的案例分析研究提供了有用的意见和建议，同时感谢一些对较早版本提供有用意见的匿名评审专家。

我非常感谢风景园林基金会及其委员会委托的研究和对风景园林案例研究倡议的全面支持。我要特别感谢风景园林基金会的前任主席和德州大学奥斯汀分校建筑学院院长弗雷德里克·斯坦纳和风景园林基金会执行主任苏珊·埃弗雷特（Susan Everett）给予的帮助和鼓励。我希望向岛屿出版社的希瑟·波伊尔（Heather Boyer）和简·奇利亚诺（Jan Cigliano）表达谢意，将这个案例研究带给更多的读者。

风景园林基金会致谢

对于风景园林基金会及其项目的主要支持来自于美国风景园林师协会、谷峰景观发展公司（ValleyCrest Landscape Development）、景观形态公司（landscape Forms）、景观构筑公司（Landscape Structures）、佐佐木事务所（Sasaki Associates）、布里克曼集团（The Brickman Group）、易道公司（EDAW）、设计工作坊公司（Design Workshop）、HOK 规划集团（The HOK Planning Group）、JJR 公司（JJR）、坎特伯雷国际公司（Canterbury International）、L. M. 斯科菲尔德公司（L. M. Scofield Company）、最佳自然布置造景有限责任公司（ONA）、萨拉托加和罗伯特·布里斯托尔联合公司（The Saratoga Associates and Robert Bristol）、维塔斯风景园林和城市设计事务所（Civitas）、拜伦·斯科特公司（Scott Byron and Company）、亨特实业公司（Hunter Industries）、冷泉花岗岩公司（Cold Spring Granite Company）、易地斯埃环境景观规划设计事务所（EDSA）、场地工艺公司（Sitecraft）、劳伦斯·S.·洛克菲勒（Laurance S. Rockefeller）和博曼尼特公司（Bomanite Corporation）等。

对风景园林基金会项目提供帮助的重要捐助者包括伯顿合伙人事务所（Burton Associates）、兰内特集团（Lannert Group）、杜朗艺术石公司（Dura Art Stone）、威斯合伙人事务所（Wyss Associates）、埃斯特拉达土地规划事务所（Estrada land Planning）、NUVIS 风景园林事务所（NUVIS）、华莱士—罗伯茨—托德事务所（Wallace Roberts & Todd，简称 WRT）、卡罗尔·R.·约翰逊合伙人公司（Carol R. Johnson Associates）、Leatzow 及合伙人公司（Leatzow & Associates）、金照明（Kim Lighting）、托罗公司灌溉事业部（The Toro Company Irrigation Division）、SWA 集团（SWA Group）、LDA 国际（LDR International）、Glatting 杰克逊—克尔彻—昂格兰—洛佩斯—莱因哈特公司（Glatting Jackson Kercher Anglin Lopez Rinehart）、树木护理公司（The Care of Trees）、西涅·尼尔森（Signe Nielsen）、尼姆罗德·朗

及合伙人事务所（Nimrod Long and Associates）、休斯—古德—奥利瑞—莱恩事务所（Hughes Good O'Leary & Ryan，简称 HGOR）、DHM 设计集团（DHM Design Corporation）、哈格里夫斯合伙人事务所（Hargreaves Associates）、梅森尔及合伙人 / 土地美景公司（Meisner + Associates / Land Vision）、彼得·沃克及合作人事务所（Peter Walker & Partners）、史密斯＆霍肯公司（Smith & Hawken），等等。

在案例研究发展的关键时刻，格雷哈姆基金会美术高级研究项目提供了慷慨的支持。我们对格雷哈姆基金会及其执行主任理查德·所罗门（Richard Solomon）以及他们的明智的建议和早期的支持深表感谢。

风景园林基金会委托马克·弗朗西斯于 1997 年研究《风景园林案例研究法》（*Case Study Method in Landscape Architecture*），并随后为基于场所、基于问题和教学等案例研究类型编写范本。在《风景园林案例研究法》书中，马克不仅为案例研者创建一个格式，而且为这个项目创造一个雄心勃勃的愿景。我们感谢马克在案例研究丛书上远见、奉献、坚持和领导。

马克·弗朗西斯开发案例研究丛书的想法是创建：1）一个在线的案例研究摘要档案；2）分类型的案例研究概要，按项目类型或地理区域组织的案例研究机构；3）在年度学术会议举办关注案例研究方法、比较分析和理论建构；4）最终，随着案例研究丛书的发展，建立一个建成和自然环境相关的案例研究项目国家档案；5）联合相关的全国性组织举办一个关于案例研究的全国性会议；6）举办一个把案例研究发现和公共政策议题联系起来的公共政策专题讨论会。

土地和社区设计案例研究丛书全国咨询委员会帮助该系列塑造成形。我们要感谢的委员凯瑟琳·A．布莱哈（Kathleen A. Blaha）、L．苏珊·埃弗雷特（L. Susan Everett）、马克·弗朗西斯（Mark Francis）、理查德·S．霍克斯（Richard S. Hawks）、乔·A．波特（Joe A. Porter）、威廉·H．罗伯茨（William H. Roberts）、乔治·L．萨斯（George L. Sass）、弗雷德里克·R．斯坦纳（Frederick R. Steiner）和乔安妮·M．韦斯特法尔（Joanne M. Westphal）。风景园林基金会分管信息和研究的副主席盖瑞·A．哈克（Gary A. Hack）提供监督并推进了该系列的完成，并在识别和选择出版合作伙伴中起到很大的作用。弗雷德里克·R．斯坦纳在案例研究丛书酝酿期间担任风景园林基金会分管信息和研究的副主席，并且在其发展的关键阶段担任风景园林基金会主席。我们感谢他持续的参与和指导。风景园林基金会的加利福尼亚州风景园林学生奖学金基金和美国风景园林师学会山上希望奖学金（AILA Yamagami Hope Fellowship）[36] 支持由风景园林基金会出版的《风景园林案例研究法》。

加利福尼亚州风景园林学生奖学金基金通过拉夫·哈德森环境研究基金资助基于问题的原型研究，即《城市开放空间》（*Urban Open Space*）。

风景园林基金会要感谢匿名审稿人深思熟虑的意见和指导以及同行评阅人为每个作者提供的见解和建议。

为了书籍的出版，在案例研究丛书提出之初，在平面设计方面，Gimga 集团（Gimga Group）的艺术总监金美慧（音译，Mihae Kim）和设计人员耐心地与风景园林基金会工作，并提供创意的设计，使该丛书具有独特优雅的外观。

36　译者注：美国风景园林师学会（American Institute of Landscape Architects，缩写为 AILA）希望奖学金是对美国风景园林师学会创会成员山上太郎（Taro Yamagami）和霍华德·奥尔森（Howard Olsen）的纪念。美国风景园林师学会于 1982 年并入美国风景园林师协会（ASLA）。

在3本出版物同时进行的过程中，学院出版社（Academy Press）出版商和主编简·奇利亚诺（Jan Cigliano）在与作者、出版商、平面设计师和风景园林基金会提供了熟练的组织和及时的项目管理。

在整个案例研究丛书编写和出版过程中，岛屿出版社主编希瑟·波伊尔（Heather Boyer）慷慨地提供支持和建议，我们感激她宝贵的和一如既往的帮助。岛屿新闻出版商和副主席丹·塞尔（Dan Sayre）从一开始就提供了鼓励，并愿意承担视觉精美的出版物所带来的风险。

岛屿出版社董事会（Island Press Board of Directors）

译后记

满足使用者需求是营造良好的公园、广场和城市开放空间的先决条件。马克·弗朗西斯在《城市开放空间——为使用者需求而设计》中收集了使用者需求和冲突的重要发现和设计本质，识别了重要的使用者需求以及在规划、设计和管理公共空间中处理这些需求的导则、综述并整合了这些知识，是特别有价值的风景园林专业著作。

另一方面，《城市开放空间——为使用者需求而设计》还是一个风景园林案例研究示范。案例研究法一直被广泛应用于很多专业中，包括医学、法律、工程、商业、规划和建筑等，这种方法在风景园林中也得到了愈加普遍的应用。马克·弗朗西斯于 1997 年接受了风景园林基金会资助并于 1998 年完成了《风景园林案例研究法》（*A Case Study Method for Landscape Architecture*），该研究报告全文可以在风景园林基金会网站上下载（https://lafoundation. org/research/case-study-method/ ），同名的更简洁的版本则发表在 *Landscape Journal* 的 2001 年第 2 期。2003 年出版的《城市开放空间：为使用者需求而设计》对此继续完善，形成了一个基于问题的案例研究示范。

马克·弗朗西斯在《风景园林案例研究法》中建议风景园林基金会启动风景园林案例研究计划（*Case Studies in Landscape Architecture Initiative*），以完成大量高品质的风景园林案例研究。风景园林基金会最终采纳了这项建议，于 2003 年开始组织"土地和社区设计案例研究"丛书（*Land and Community Design Case Study Series*），至 2009 年已经出版了 5 本。然后，在"土地和社区设计案例研究"丛书工作告一段落之后，风景园林基金会于 2010 年启动了案例研究调查（*Case Study Investigation*，CSI）和景观绩效系列（*Landscape Performance Series*，LPS）两个相辅相成的项目。风景园林基金会资助学生和教师研究团队和领导性从业者记录典范的高绩效的景观项目，团队通过案例研究调查量化景观项目的环境、经济和社会效益，形成景观绩效系列的案例研究简报（*Case Study Briefs*）。可以说，案例研究调查项目建立了学界和业界联系的桥梁。截至 2015 年，已经有 30 位教师、35 位学生和 57 个设计机构共同完成了超过 100 项的案例研究。《案例调查研究：度量模范景观的环境、社会和经济影响》（*Case Study Investigation*（*CSI*）: *Measuring the Environmental*，*Social*，*and Economic Impacts of Exemplary Landscapes*）获 2015 年美国风景园林师协会专业组研究类荣誉奖。《景观绩效系列：证明可持续景观的环境、社会和经济的价值》（*Landscape Performance Series*: *Demonstrating the Environmental*，*Social*，*and Economic Value of Sustainable Landscapes*）获 2015 年美国风景园林师协会专业组交流类杰出奖。

因此，《城市开放空间——为使用者需求而设计》一书在推动风景园林案例研究方法论发展以及景观绩效评估等方面的工作具有基础性作用，是一份重要的风景园林研究文献。

本次翻译工作自 2013 年 3 月开始启动。然而，由于译者事务繁忙，翻译工作陆陆续续进行，终于在 2017 年 1 月的春节期间完成最后的统稿工作。

在本项工作中，王向荣先生撰写了提交给出版社的翻译推荐信，Mike Gimbel、刘雪、赵纪军和邓位多次解答翻译中的疑难问题，萧蕾和龚哲在翻译初期提供了帮助，王曲荷协助了索引整理等工作，特此一并致谢！

华南理工大学亚热带建筑科学国家重点实验室对出版给予了专项经费的资助，特此致谢！

此外，本次翻译工作还受到了广东教育教学成果奖（高等教育）培育项目"基于案例研究的风景园林设计教学探索与实践"和广东省高等教育教学改革项目"案例研究在景观建筑设计专业教学中的研究与实践"以及国家自然科学基金资助"珠三角城市综合公园社会效益测量指标和方法研究"（项目批准号：51678242）的资助。

最后，感谢杨虹和姚丹宁两位编辑在出版过程中的协助与帮助！

林广思写于广州

2017 年 2 月 3 日